油库技术与管理系列丛书

油库供配电技术与管理

马秀让　主编

石油工业出版社

内 容 提 要

本书根据油库供配电的实际需要及油品易燃易爆的特点，抓住油库供电的要点，重点介绍油库供配电与自发电，电气机械和设备维护与检修，防雷防静电的设施及管理，爆炸性危险场所划分，防爆电气设备的选用、安装、运行与检修等内容。

本书可供油料系统各级管理者、油库业务技术干部及油库一线操作人员阅读使用，也可供油库工程设计与技术人员和石油院校相关专业师生参阅。

图书在版编目（CIP）数据

油库供配电技术与管理/马秀让主编 . —北京：
石油工业出版社，2017.3
（油库技术与管理系列丛书）
ISBN 978-7-5183-1786-8

Ⅰ. 油⋯ Ⅱ. ①马⋯ Ⅲ. ①油库–供电装置②油库
–配电装置 Ⅳ. ①TE972

中国版本图书馆 CIP 数据核字（2017）第 023058 号

出版发行：石油工业出版社
　　　　　（北京安定门外安华里 2 区 1 号　100011）
　　　　　网　址：www. petropub. com
　　　　　编辑部：（010）64523583　图书营销中心：（010）64523633
经　　销：全国新华书店
印　　刷：北京中石油彩色印刷有限责任公司

2017 年 3 月第 1 版　2017 年 3 月第 1 次印刷
710×1000 毫米　开本：1/16　印张：16.75
字数：300 千字

定价：78.00 元
（如出现印装质量问题，我社图书营销中心负责调换）

序一

读完摆放在案头的《油库技术与管理系列丛书》，平添了几分期待，也引发对油库技术与管理的少许思考，叙来共勉。

能源是现代工业的基础和动力，石油作为能源主力，有着国民经济血液之美誉，油库处于产业链的末梢，其技术与管理和国家的经济命脉息息相关。随着世界工业现代化进程的加快及其对能源需求的增长，作为不可再生的化石能源，石油已成为主要国家能源角逐的主战场和经济较量的战略筹码，甚至围绕石油资源的控制权，在领土主权、海洋权益、地缘政治乃至军事安全方面展开了激烈的较量。我国政府审时度势，面对世界政治、经济格局的重大变革以及能源供求关系的深刻变化，结合我国能源面临的新问题、新形势，提出了优化能源结构、提高能源效率、发展清洁能源、推进能源绿色发展的指导思想。在能源应急储备保障方面，坚持立足国内，采取国家储备与企业储备结合、战略储备与生产运行储备并举的措施，鼓励企业发展义务商业储备。位卑未敢忘忧国。石油及其成品油库，虽处在石油供应链的末梢，但肩负上下游生产、市场保供的重担，与国民经济高速、可持续发展息息相关，广大油库技术与管理从业人员使命光荣而艰巨，任重而道远。

油库技术与管理包罗万象，工作千头万绪，涉及油库建设与经营、生产与运行、安全与环保等方方面面，其内涵和外延也随着社会的转型、能源结构及政策的调整、国家法律和行业法规的完善，以及互联网等先进技术的应用而与时俱进、日新月异。首先，随着中国社会的急剧转型，企业不仅要创造经济利润，还须承担安全、环保等社会责任。要求油库建设依法合规，经营管理诚信守法，既要确保上游平稳生产和下游的稳定供应，又要提供优质保量的产品和服务。而易燃、易爆、易挥发是石油及其产品的固有特性，时刻威胁着油库的安全生产，要求油库不断通过技术改造、强化管理，提高工艺技术，优化作业流程，规范作业行为，强化设备管理，持续开展隐患排查与治理，打造强大作业现场，实现油库的安全平稳生产。其次，随着国家绿色低碳新能源战略的实施及社会公民环保意识的提升，要求油库采用节能环保技术和清洁生产工艺改造传统工艺技术，降低油品挥发和损耗，创造绿色环保、环境友好油库；另外，随着成品油流通领域竞争日趋激烈，盈利空间、盈利能力进一步压缩，要求油库持续实施专业化、精细化管理，优化库存和劳动用工，实现油库低成本运作、高效率运行。人无远虑必有近忧。随着国家能源创新行动计划的实施，可再生能源技术、通信技术以及自动控制技术快速发展，依托实时高速的双向信息数据交互技术，以电能为核心纽带，涵盖煤炭、石油多类型能源以及公路和铁路运输等多形态网络系统的新型能源利用体系——能源互联网呼之欲出，预示着我国能源发展将要进入一个全新的历史阶段，通过能源互联网，推动能源生产与消费、结构与体制的链式变革，冲击传统的以生产顺应需求的能源供给模式。在此背景下，如何提升油库信息化、自动化水平，探索与之相融合的现代化油库经营模式就成为油库技术与管理需要研究的新课题。

这套丛书，从油库使用与管理的实际需要出发，收集、归纳、整理了国内外大量数据、资料，既有油库生产应知应会的理论知识，又有油库管理行之有效的经验方法，既涉及油库"四新技术"的推广应用，又收纳了油库相关规范标准的解读以及事故案例的分析研究，涵盖了油库建设与管理、生产与运行、工艺与设备、检修与维护、安全与环保、信息与自动化等方方面面，具有较强的知识性和实用性，是广大油库技术与管理从业人员的良师益友，也可作为相关院校师生和科研人员的学习和参考素材，必将对提高油库技术与管理水平起到重要的指导和推动作用。希望系统内相关技术和管理人员能从中汲取营养并用于工作，提升油库技术与管理水平。

中国石油副总裁　周昌惠

2016 年 5 月

序二

　　油库是储存、输转石油及其产品的仓库，是石油工业开采、炼制、储存、销售必不可少的中间重要环节。油库在整个销售系统中处在节点和枢纽的位置，是协调原油生产、加工、成品油供应及运输的纽带，是国家石油储备和供应的基地，它对于保障国防安全、促进国民经济高速发展具有相当重要的意义。

　　在国际形势复杂多变的当今，在国际油价涨落难以预测的今天，多建油库、增加储备，是世界各国采取的对策；管好油库、提高其效，是世界各国经营之道。

　　国家战略石油储备是政府宏观市场调控及应对战争、严重自然灾害、经济失调、国际市场价格的大幅波动等突发事件的重要战略物质手段。西方国家成功的石油储备制度不仅避免因突发事件引起石油供应中断、价格的剧烈波动、恐慌和石油危机的发生，更对世界石油价格市场，甚至是对国际局势也起到了重要影响。2007 年 12 月，中国国家石油储备中心正式成立，旨在加强中国战略石油储备建设，健全石油储备管理体系。决策层决定用 15 年时间，分三期完成石油储备基地的建设。由政府投资首期建设 4 个战略石油储备基地。国际油价从 2014 年年底的 140 美元/桶降到 2016 年年初的不到 40 美元/桶，对于国家战略石油储备是一个难得的好时机，应该抓住这个时机多建石油储备库。我国成品油储备库的建设，在近几年亦加快进行，动员石油系统各行业，建新库、扩旧库，成绩显著。

　　油库的设计、建造、使用、管理是密不可分的四个环节。油库设计建造的好坏、使用管理水平的高低、经营效益的大小、使用寿命的长短、安全可靠的程度，是相互关联的整体。这就要求我们油库管理使用者，不仅应掌握油库管理使用的本领，而且应懂得油库设计建造的知识。

为了适应这种需求，由中央军委后勤保障部建筑规划设计研究院与部分军内油库建设与管理专家和中国石油天然气集团公司部分专家合作编写了《油库技术与管理系列丛书》。丛书从油库使用与管理者实际工作需要出发，吸取了《油库技术与管理手册》的精华，收集了国内外油库管理及建设的新知识、新技术、新工艺、新标准、新设备、新材料，总结了国内油库管理的新经验、新方法，涵盖了油库技术与业务管理的方方面面。

丛书共 13 分册，各自独立、相互依存、专册专用，便于选择携带，便于查阅使用，是一套灵活实用的好书。本丛书体现了军队油库和民用油库的技术与管理特点，适用于军队和民用油库设计、建造、管理和使用的技术与管理人员阅读。也可作为石油院校教学的重要参考资料。

本丛书主编马秀让毕业于原北京石油学院石油储运专业，从事油库设计、施工、科研、管理 40 余年，曾出版多部有关专著，《油库技术与管理系列丛书》是他和石油工业出版社副总编辑章卫兵组织策划的又一部新作，相信这套丛书的出版，必将对军队和地方的油库建设与管理发挥更大作用。

解放军后勤工程学院原副院长、少将
原中国石油学会储运专业委员会理事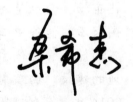

2016 年 5 月

丛书前言

油库技术是涉及多学科、多领域较复杂的专业性很强的技术。油库又是很危险的场所，于是油库管理具有很严格很科学的特定管理模式。

为了满足油料系统各级管理者、油库业务技术干部及油库一线操作使用人员工作需求，适应国内外油库技术与管理的发展，几年前马秀让和范继义开始编写《油库业务工作手册》，由于各种原因此书未完成编写出版。《油库技术与管理系列丛书》收集了国内外油库管理及建设的新知识、新技术、新工艺、新标准、新设备、新材料，采用了《油库业务工作手册》中部分资料。

本丛书由石油工业出版社副总编辑章卫兵策划，邀中央军委后勤保障部建筑规划设计研究院与部分军内油库建设与管理专家和中国石油天然气集团公司部分专家用3年时间完成编写。丛书共分13分册，总计约400多万字。该丛书具有技术知识性、科学先进性、丛书完整性、单册独立性、管建相融性、广泛适用性等显著特性。丛书内容既有油品、油库的基本知识，又有油库建设、管理、使用、操作的技术技能要求；既有科学理论、科研成果，又有新经验总结、新标准介绍及新工艺、新设备、新材料的推广应用；既有油库业务管理方面的知识、技术、职责及称职标准，又有管理人员应知应会的油库建设法规。丛书整体涵盖了油库技术与业务管理的方方面面，而每分册又有各自独立的结构，适用于不同工种。专册专用，便于选择携带，便于查阅使用，是油料系统和油库管理者学习使用的系列丛书，也可供油库设计、施工、监理者及高等院校相关专业师生参考。

丛书编写过程中，得到中国石油销售公司、中国石油规划总院等单位和同行的大力支持，特别感谢中国石油规划总院魏海国处长组织有关专家对稿件进行审查把关。书中参考选用了同类书籍、文献和生产厂家的不少资料，在此一并表示衷心地感谢。

丛书涉及专业、学科面较宽，收集、归纳、整理的工作量大，再加时间仓促、水平有限，缺点错误在所难免，恳请广大读者批评指正。

《油库技术与管理系列丛书》编委会

2016 年 5 月

目　　录

第一章　油库供配电与自发电

第一节　油库供配电系统

一、油库供配电系统布局

油库供配电系统布局，通常有两种方案：一种为放射式；另一种为树干式。

（一）放射式方案

本方案适用于油库区较紧凑，用电设备集中，低压配电辐射半径一般不大于350m 的情况。油库用电设施应根据具体情况增减。本方案示意图见图1-1。

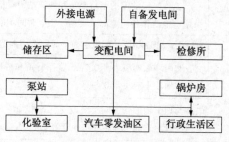

图1-1　放射式方案

（二）树干式方案

本方案适用于库区分散，用电设备分布较广，采用低压配电不经济或不安全的情况。升压变压器应根据外电源的具体情况确定是否使用。本方案示意图见图1-2。

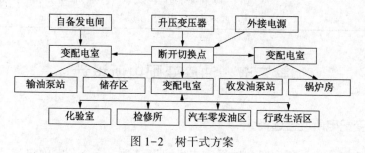

图1-2　树干式方案

二、油库供配电要求

油库供配电要求见表 1-1。

表 1-1　油库供配电要求

项　　目		供配电要求
供电负荷级别		油库生产作业的供电负荷等级宜为三级，不能中断生产作业所必须的动力和照明负荷等级应为二级
供电电源		(1) 油库的供电宜采用外接电源。当采用外接电源有困难或不经济时，可采用自备电源。 (2) 对于二级负荷应尽量做到当电力变压器或电力线路发生常见故障时不致中断供电(或中断后能迅速恢复)，为了满足上述要求，一般应由上一级变电所的两段母线上引来双回路进行供电。 (3) 当负荷较小或地区供电困难时，也可以由一路专用架空线路进行供电。否则考虑设自备电源。 (4) 一、二、三级油库应设置供信息系统使用的应急电源
消防泵站的照明		一、二、三级油库的消防泵站和泡沫站应设应急照明电源，应急照明可采用蓄电池作备用电源，其连续供电时间不应少于 6h
配电电缆	电缆选型	主要生产作业场所的配电电缆，必须选用铜芯电缆
	直埋电缆埋深	一般地段埋深不应小于 0.7m，在车行道和耕种地段不宜小于 1.0m，在岩石非耕地段不应小于 0.5m
	同架敷设	电缆与地上输油管道同架敷设时，该电缆应采用阻燃或耐火型电缆，且电缆与管道之间的净距不应小于 0.2m
变配电装置的设置		10kV 以上的变配电装置应独立设置。10kV 及以下的变配电装置的变配电间可与易燃油品泵房(棚)相毗邻设置
变配电间与易燃油品泵房(棚)相毗邻时		(1) 隔墙应为非燃烧材料建造的实体墙。与配电间无关的管道，不得穿过隔墙。所有穿墙的孔洞，应用非燃烧材料严密填实。 (2) 变配电间的门窗应向外开。其门窗应设在泵房的爆炸危险区域以外，如果窗设在爆炸危险区以内，应设密闭固定窗和警示标志。 (3) 配电间的地坪应高于油泵房室外地坪至少 0.6m

第二节　油库变配电所设计

一、变配电所位置选择

油库的变、配电所位置的选择，应根据下列要求综合考虑确定。

（1）根据油库安全第一的原则，变、配电所宜独立设置，以便防爆防火。

（2）接近负荷中心和大容量用电设备。

（3）进、出线方便。

（4）不应设在地势低洼可能积水的场所。

（5）运输方便。

（6）不宜设在多尘或有腐蚀性物质的场所，当无法远离时，不应设在污染源盛行风向的下风侧，或应采取有效的防护措施。

二、变配电所的布置

（一）一般要求

（1）布置紧凑合理便于设备的安装、操作、搬运、检修、试验和监测，还要考虑发展的可能性。

（2）尽量利用自然采光和自然通风。适当安排建筑物内各房间的相对位置，使配电室的位置便于进、出线。低压配电室应便于运行人员工作。

（3）变压器室尽量避免西晒。

（4）配电室、控制室、值班室等的地坪一般比室外地面高出 15~30cm。变压器室地坪视需要而定。

（5）有人值班的中心变配电所应有单独的控制室或值班室，并设有其他辅助间及生活设施。

（6）配电室在平面布置上要考虑进出线方便(特别是架空进出线)。

（二）布置方式

变配电所的布置方式根据其规模大小而异。油库中心变电所的推荐方案见图1-3(a)、(c)。区域或泵站用的分变电所方案见图1-3(b)。

（三）高压配电室的布置

（1）高压配电室建筑的一般要求见表1-2。

表1-2　高压配电室建筑的一般要求

项　目	建筑的一般要求
配电室高度确定	高度一般为 4.2~4.5m，架空出线时，出线套管至室外地面最小高度为 4m，出线悬挂点对地距离一般不低于 4.5m
门的设置	高压配电室长度超过 7m 时应设两个门，并宜布置在两端，门的高度和宽度宜按最大不可拆卸部件的尺寸为基准，高度加 0.5m，宽度加 0.3m
操作通道的宽度	固定式开关柜操作通道的推荐尺寸，从盘面算起，单列布置为 1.5m，双列面对面布置为 2.0m
室内电力电缆沟	沟底应有坡度和集水坑，以便临时排水，沟盖宜用花纹钢板

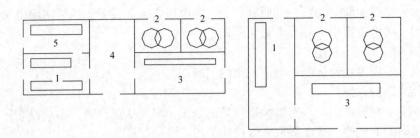

(a)附有高压电容器室　　　　　　　　　(b)无值班室变电所

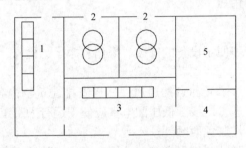

(c)附有值班室及休息室的变电所

图 1-3　独立变电所

1—高压配电室；2—变压器室或户外变压装置；

3—低压配电室；4—值班室；5—高压电容器室

（2）高压配电室内各种通道的最小宽度见表 1-3。

表 1-3　高压配电室内各种通道的最小宽度　　　　　（单位：mm）

开关柜布置方式	柜后维护(通道)	柜前操作通道	
		固定式柜	手车式柜
单列布置	800	1500	单车长度+1200
双列面对面布置	800	2000	双车长度+900
双列背对背	1000	1500	单车长度+1200

（3）GG-1A（F）型开关柜的布置见图 1-4。

（四）低压配电室的布置

（1）低压配电室建筑的一般要求见表 1-4。

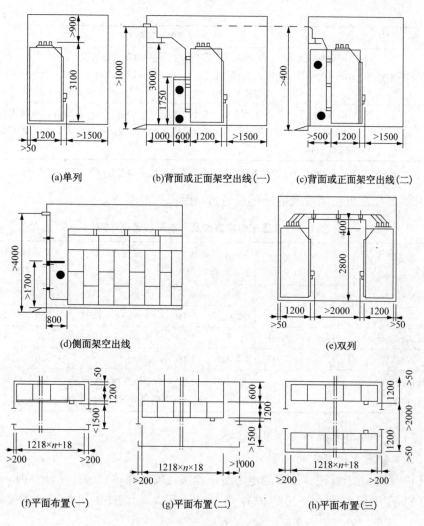

(a)单列　　　(b)背面或正面架空出线(一)　　　(c)背面或正面架空出线(二)

(d)侧面架空出线　　　　　　　　　(e)双列

(f)平面布置(一)　　　　(g)平面布置(二)　　　　(h)平面布置(三)

图1-4　GG-1A(F)型开关柜的布置

注：n—列开关柜的台数

表1-4　低压配电室建筑的一般要求

项　　目	建筑的一般要求
配电室高度确定	低压配电室的高度应和变压器室综合考虑，参考下列尺寸： (1) 与抬高地坪的变压器室相邻时，高度为4~4.5m。 (2) 与不抬高地坪的变压器室相邻时，高度为3.5~4m。 (3) 配电室为电线进线时，高度为3m

项　　目	建筑的一般要求
门和出口的设置	配电室长度为7m以上时，应设两个门，并尽量布置在两端； 低压配电装置长度大于6m时，其柜（屏）后通道应设两个出口，当低压配电装置两个出口间的距离超过15m时应增加出口
低压配电屏的 布置	低压配电屏一般不靠墙安装，屏后离墙不小于1m，屏的两端有通道时应有防护板。屏前操作通道推荐尺寸，从盘面算起单列布置最小宽度1.5m，双列布置最小宽度2m

注：低压配电系统采用380/220V中性点接地的TN-S系统，照明和电力设备一般由同一变压器供电。

（2）低压配电室高度及屏前屏后通道净距，见表1-5。

表1-5　低压配电室高度及屏前屏后通道净距　　　　单位：m

布置方式 通道宽度 装置种类	单排 布置		双排对面 布置		双排背对背 布置		多排同向 布置	
	屏前	屏后	屏前	屏后	屏前	屏后	前排屏前	后排屏后
固定式	1.50	1.00	2.00	1.00	1.50	1.50	1.50	1.00
抽屉式，手车式	1.80	1.00	2.30	1.00	1.80	1.00	1.80	1.00
控制屏	1.50	1.00	2.00	1.00	—	—	1.50	1.00
低压配电室 高度	屏高+0.80（不提高地坪做法） 屏高+提高地坪高度（即电缆沟高度）+0.80							

（3）低压配电室的布置，见图1-5。

（五）室内变压器室的布置

（1）为了便于管理，油库的电力变压器室宜安装在单独的变压器室内。

（2）变压器外廓（包括防护外壳）与变压器室墙壁和门的最小净距，见表1-6。

表1-6　变压器外廓（包括防护外壳）与变压器室墙壁和门的最小净距

单位：m

项　　目	最小净距	
	100～1000kV·A	1250～2000kV·A
变压器外廓与后壁、侧壁净距	0.60	0.80
油浸变压器外廓与门净距	0.80	1.00
干式变压器带有1P2X及以上防护等级的金属外壳与后壁、侧壁净距	0.60	0.80

续表

项　　目	最小净距	
	100~1000kV·A	1250~2000kV·A
干式变压器带有 1P2X 及以上防护等级的金属外壳与门净距	0.80	1.00
干式变压器带有金属网状遮拦与后壁、侧壁净距	0.60	0.80
干式变压器带有金属网状遮拦与门净距	0.80	1.00

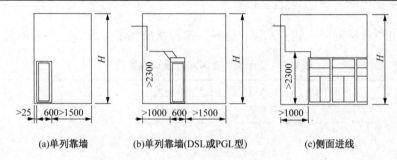

(a)单列靠墙　　(b)单列靠墙(DSL或PGL型)　　(c)侧面进线

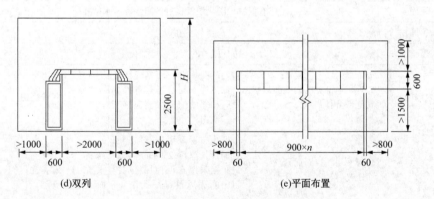

(d)双列　　　　　　　　　　(e)平面布置

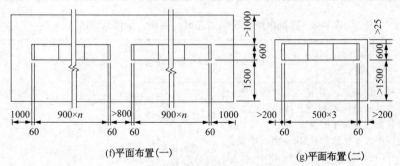

(f)平面布置(一)　　　　　　(g)平面布置(二)

图 1-5　低压配电室的布置

（3）无高压配电室的变电所变压器室内安装有与变压器有关的负荷开关、隔离开关和熔断器，在考虑变压器室布置时，应使其操动机构装在近门处。

（4）确定变压器室时，应考虑有发展的可能性。一般按能装设大一级容量的变压器考虑。

（5）变压器室内不应有与其无关的管线通过。

（6）变压器室应设置能容纳 100%变压器油量的挡油设施。

三、变配电所对其他专业的要求

变配电所各房间对土建、采暖、通风、给排水的要求见表 1-7 和表 1-8。

表 1-7　变配电所各房间对建筑的要求

房间名称	高压配电室（有充油设备）	高压电容器室	油浸变压器室	低压配电室	控制室	值班室
建筑物耐火等级	二级	二级（油浸室）	一级	二级		
屋面	应有保温、隔热层及良好的防水和排水措施					
顶棚	刷白					
屋檐	防止屋面的雨水沿墙面流下					
内墙面	邻近带电部分的内墙面只刷白，其他部分抹灰刷白		勾缝并刷白，墙基应防止油浸蚀，与有爆炸危险场所相邻的墙壁内侧应抹灰并刷白	抹灰并刷白		
地坪	高标号水泥抹面压光	高标号水泥抹面压光，采用抬高地坪方案，通风效果较好	低式布置采用卵石或碎石铺设，厚度 250mm。高式布置采用水泥地坪，应向中间通风及排油孔作 2%的坡度	高标号水泥抹面压光	水磨石或水泥压光	水泥压光

表 1-8　变配电所各房间对通风、采暖、给排水要求

房间名称	高压配电室（有充油电气设备）	高压电容器室	油浸变压器室	低压配电室	控制室值班室
通风	宜有自然通风，当装有事故通风装置时其换气量每小时应≥6 次，事故排风机的控制开关宜装在便于开启处	应有良好的自然通风，按排风温度≤45℃计算，当自然通风不能满足要求时，应增设机械通风	应有良好的自然通风，按排风温度≤45℃计算，自然通风不能满足要求时，应增设机械通风	一般靠自然通风	

续表

房间名称	高压配电室 (有充油电气设备)	高压电容器室	油浸变压器室	低压配电室	控制室 值班室
采暖	一般不采暖	一般不采暖,当温度低于制造厂规定值以下,应采暖		一般不采暖,当兼作控制室或值班室时,在规定采暖区则采暖	在规定采暖区要采暖
水道	有人值班的配电所一般设给、排水管道;车间变电所一般不设给、排水管道				

第三节　油库自发电站设计

常用的自发电站为柴油发电站,它具有效率高、起动快、耗水量少、设备紧凑、运输方便及操作维护简单等优点。

一、自发电站设计的有关要求

(一)对建筑的要求

(1)要有足够的面积和高度(详见本节"三、自发电站的设备布置")。

(2)应有足够门孔和出入通道,特别是通道的转弯处要达到必需的转弯半径。

(3)在机组的纵向中心线上应预留2~3个起重吊钩,每个吊钩承重按机组总重考虑;大型的柴油电站可以设置梁式吊车。

(4)电站机房和控制室内应设置必要的地沟以便敷设电缆和油、水管道,管道要尽量减少长度,避免交叉,减少弯曲,符合工艺流程要求;地沟应有一定的坡度便于排水。

(5)机房和控制室应尽量分设,相邻的隔墙上设置观察窗,并应采取隔音措施。

(6)电站机房和控制室的地面,一般采用压光水泥地面,有条件时控制室可采用水磨石地面。

(7)柴油发电机的基础应采取防油浸蚀的措施,一般可设置排油污的沟槽;基础表面应做20~40mm厚的二次灌浆层;带有公共底盘的机组的基础表面应高出地面50~100mm;机组的体积应保证达到要求以减少振动;机组与基础间,基础与周围地面间采取隔震措施。

(二)对通风的要求

(1)供给足够新鲜空气保证机组运行的燃烧空气和机房一定的换气量。

（2）寒冷地区冬季采暖。为保证机组顺利启动，机房最低温度不应低于5℃；机组工作时机房最高温度不超过35℃，相对湿度不大于80%。

（3）应有排除电站内储油间和蓄电池室的有害气体的措施。

（4）排烟管应尽量减少阻力。要设置消音器和烟管热膨胀装置，在室内烟管要有保温层。

（三）对给、排水和供油的要求

（1）要有足够的冷却水量，其水质应满足柴油机使用维护说明书的要求。

（2）应设两个以上柴油储油桶，便于新油沉淀，油箱的最低油面应高出柴油机的地面1m左右，以便自流供油。

（3）自启动机组的冷却水应能自流供给。

（4）电站内适当设置洗手池，拖布池以及排除积水的地漏。

二、自发电站设置的要求

自发电站设置的要求，见表1-9。

表1-9 自发电站设置的要求

项　　目	要　　求
位置选择	自发电站应靠近负荷中心，尽量缩短供电距离，减少电能损失。远离安静的生活区，且交通运输方便。烟气排放符合安全与环保要求
机组吊装设施	在机组的纵向中心线上应预留2~3个起重吊钩，每个吊钩承重按机组总重考虑；大型的柴油电站可以设置梁式吊车
机组基础	柴油发电机的基础应采取防油浸蚀的措施，一般可设置排油污的沟槽；基础表面应做20~40mm厚的二次灌浆层；带有公共底盘的机组的基础表面应高出地面50~100mm；机组的体积应保证达到要求以减少振动；机组与基础间、基础与周围地面间采取隔震措施
机房温湿度	寒冷地区冬季采暖时，为保证机组顺利启动，机房最低温度不应低于5℃；机组工作时机房最高温度不超过35℃，相对湿度不大于80%
机组供油	应设两个以上柴油储油桶，便于新油沉淀，油箱的最低油面应高出柴油机的地面1m左右，以便自流供油
总装机容量	常用电站的总装机容量应满足油库总计算负荷的需要，并考虑10%~15%的计算负荷的备用量。在选择机组台数时至少应设置一台备用机组。备用电站的总装机容量一般按保证必需的输油作业所需电力负荷和照明负荷的容量考虑，一般不设备用机组

项　目	要　求
常用电站机组台数和单机容量	常用电站为保证重要负荷供电，一般设两段母线。因此常用电站最少应设三台机组，用两台备一台，根据油库用电负荷变化较大(输油时泵站工作，不输油时动力负荷很少)，为保证机组经济运行，可选用单机容量较小、台数较多的方案。单台机组的容量一般按起动异步电动机容量确定
备用电站机组台数和供电负荷	备用电站一般只设一台机组，其容量按应急供电负荷和起动最大的异步电动机确定
电站建筑	要有足够的面积和高度；应有足够门孔和出入通道，特别是通道的转弯处要达到必需的转弯半径

三、自发电站的设备布置

电站的主要设备有柴油发电机组、控制屏、机组操作台、动力配电屏、冷却水系统、燃油供给系统、起动系统、维护检修设备、进排风系统等。装机容量较小的电站上述有的设备可以不设。

（一）电站的布置方式

电站的布置方式因机组容量大小和台数多少而异。油库备用电站可以采用机房和控制室合一的布置，而大多数的常用电站为改善工作条件，把电站分为机房和控制室两大部分布置。机组和辅助系统布置在机房内，电气控制和运行测量设备布置在控制室内。

（二）机房布置的要求

机房内的主要设备是柴油发电机组，还有与之配套的起动、供油、进风、排风等辅助系统，这些设备的布置应满足以下要求：

（1）操作维护方便，减少管线的交叉和弯曲，力求布置紧凑，整齐美观。

（2）为安装检修方便，留出足够的机组搬运通道，设置一定的检修场地。机组中心线上方不应安装管道。机组维护通道的 2.2m 以下空间不应安装管道和其他设备。

（3）电缆沟与水、油管沟应分开设置并避免交叉。

（4）如设置储油箱和储水箱应互相隔开单独布置，特别是储油箱，要符合防火要求。

（三)机组在机房内的布置形式及尺寸

（1）单列平行布置。机组的中心线与机房的纵向轴线平行(图 1-6)，这种布置机房跨度小，管线交叉少，但管线较长。适用于坑道式和掘开式电站。

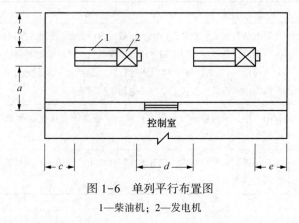

图 1-6　单列平行布置图

1—柴油机；2—发电机

（2）垂直布置。机组中心线与机房的轴线相垂直（图 1-7），这种布置操作管理方便，管线短，但机房跨度大。

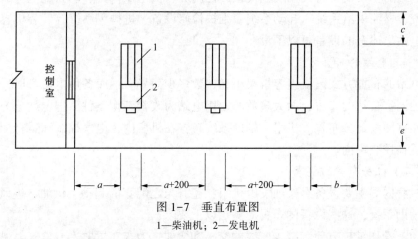

图 1-7　垂直布置图

1—柴油机；2—发电机

（3）双列平行布置。机组中心线与机房的轴线平行，双列布置（图 1-8）。这种布置机组共用一条搬运通道，布置紧凑，管线短，但机房跨度大。适用于台数较多的电站。

（4）机组布置尺寸。

① 进、排风管道，排烟管道架空敷设于机组两侧 2.2m 以上空间。

② 机组搬运通道在平行布置的机房中安排在机组操作面；对于垂直布置的机房考虑在柴油机端；对于双列布置的机房安排在两排机组之间。

③ 机房高度按机组安装或检修时用预留吊钩用起重设备起吊活塞、连杆、

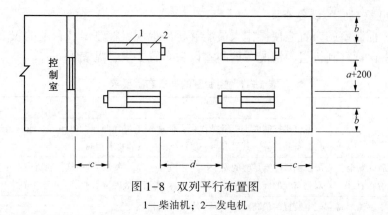

图 1-8　双列平行布置图

1—柴油机；2—发电机

曲轴所需的高度考虑，见图 1-9。

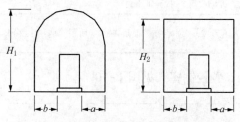

图 1-9　机组布置尺寸图

④ 电缆和油水管路分别设置在地沟内，地沟净深一般为 0.5~0.8m，并设置支架。

⑤ 常用机组布置推荐尺寸，见表 1-10。

表 1-10　常用柴油机组布置推荐尺寸表

柴油发电机型号	4105，4120	4135，6135	8V135，12V135	6160，6160A	6250，6250Z
机组容量(kW)	40 以下	40~75	120~150	84~120	200~300
机组操作面 a(m)	1.5~1.7	1.7~1.9	1.9~2.1	1.9~2.1	2.0~2.2
机组背面 b(m)	1.3~1.5	1.4~1.7	1.5~1.8	1.6~1.9	1.7~2.0
柴油机端 c(m)	1.5~1.7	1.7~2.0	1.7~2.0	2.2~2.4	2.2~2.4
机组间距 d(m)	1.7~1.9	1.9~2.1	2.1~2.3	2.4~2.6	2.4~2.6
发电机端 e(m)	1.6~1.7	1.7~1.9	1.9~2.2	1.7~2.2	1.9~2.2
机房净高 H(m)	3.5~3.7	3.7~4.0	3.9~4.2	3.9~4.2	4.2~4.5
地沟深 h(m)	0.5~0.6	0.5~0.6	0.6~0.7	0.7~0.8	0.7~0.8

（四）控制室的设备布置

（1）控制室的布置应使操作人员能够容易地观察控制屏或台上的仪表，并能通过观察窗观察到机组的情况。控制室设备布置要求，见表1-11。

表1-11　控制室的设备布置要求

项　目	要　求
控制室主要设备	有发电机控制屏、机组操作台、低压配电屏和照明配电箱等。还有值班桌、工具、备品柜等。其要求与一般低压配电室的要求相同
屏前屏后的安全操作和检修通道	屏前屏后应有足够的安全操作和检修通道，单列布置的屏前通道应不小于1.5m，双列布置的屏前通道应不小于2m；离墙安装的屏后通道不小于1m
配电装置距屋顶距离	配电装置的最高点距屋顶不小于0.5m
低压配电屏前后通道	低压配电屏应留有备用屏的位置，单列长度大于6m时，屏前至屏后应有两个通道。屏侧距墙不小于0.8m
机组操作台的台前操作通道	不小于1.2m，如设在控制屏前，台后距屏前约1.2~1.4m

（2）典型的单列布置控制室，见图1-10。

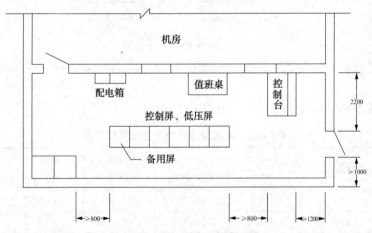

图1-10　典型单列布置控制室

（五）辅助房间的设计

电站的辅助房间一般有储油间、调节水箱间、机修间、休息室等，输油泵设在储油间内，储油间内应设防爆灯具及防爆照明开关。

（六）机房布置举例

1. 布置方案一（200kW 一台）

（1）本方案适用于一台容量为200kW、闭式循环、电起动的分装式应急发电机组，也可采用集装式机组。土建部分仅供参考。

（2）本方案适用油库主要生产作业负荷的总功率不大于 170kW 的情况。

（3）本方案仅采用一台机组，可作为油库用电临时停电的补充，因仅安装一台发电机组，故平时应加强保养维护，使机组始终处于良好的工作状态。

本方案平立面图，见图 1-11，编号及名称见表 1-12。

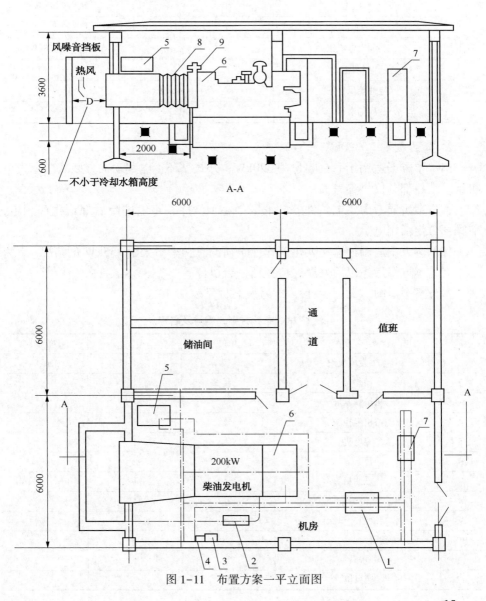

图 1-11　布置方案一平立面图

表 1-12　布置方案一编号及名称

编号	名称	单位	数量	备注
1	操作台	个	1	
2	消音器	个	1	
3	充电机	个	1	
4	蓄电池	组	1	
5	燃油箱	个	1	
6	柴油发电机组	套	1	200kW
7	控制柜	台	1	
8	挠性导风接管		1	
9	冷却水箱			

2. 布置方案二(320kW 一台)

(1) 本方案适用于一台容量为 320kW、开式循环、电起动的分装式应急发电机组。土建部分仅供参考。

本方案主要考虑用电条件差的地区中小型油库在市电中断后保证生产用电，兼顾部分生活用电。

(2) 本方案适用油库主要生产作业负荷的总功率不大于 255kW 的情况。

(3) 本方案考虑以后发展时应预留一台机位。

本方案平面图，见图 1-12，编号及名称见表 1-13。

表 1-13　布置方案二编号及名称

编号	名称	单位	数量	备注
1	柴油发电机组	套	1	320kW
2	操作台	台	1	
3	机组控制屏	台	1	
4	预留机组控制屏	台	1	
5	充电机	台	1	
6	蓄电池	组	2	
7	燃油箱	台	1	
8	润滑油箱	组	1	
9	润滑油冷却器	个	1	
10	预留发电机位	个	1	
11	水泵	个	1	
12	通风机	组	2	

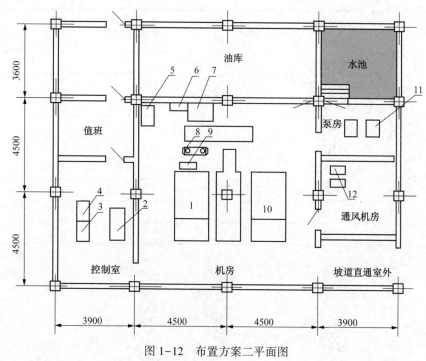

图 1-12　布置方案二平面图

3. 布置方案三(200kW、100kW 一台)

(1) 本方案选用两台不同容量、开式循环、电起动的分装式应急发电机组。土建部分仅供参考。

(2) 本方案适用油库主要生产作业负荷的总功率不大于 240 kW 的情况。

(3) 本方案采用容量不同的两台机组进行组合,既可在小负荷时启动小功率发电机组以便经济,又可在需要大功率时启动大机组或大小并机组合,机动灵活。

本方案平面图,见图 1-13,编号及名称见表 1-14。

表 1-14　方案三编号及名称

编号	名　　称	单位	数量	备注
1	机组控制屏	台	1	
2	机组控制屏	台	1	
3	并车屏	台	1	
4	操作台	台	1	
5	蓄电池	组	1	

续表

编号	名　　称	单位	数量	备注
6	充电机	个	1	
7	柴油发电机组	台	1	100kW
8	润滑油冷却器	个	1	
9	润滑油箱	个	1	
10	燃油箱	个	1	
11	燃油箱	个	1	
12	润滑油冷却器	个	1	
13	柴油发电机组	台	1	200kW
14	润滑油箱	个	1	
15	水泵	台	1	

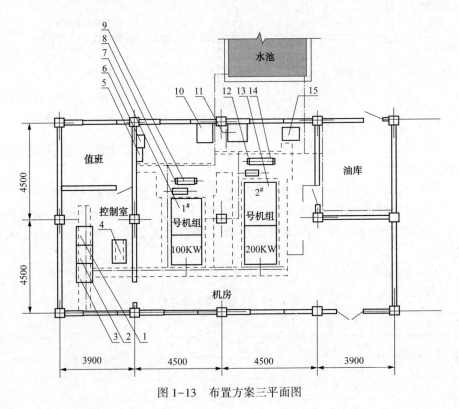

图1-13　布置方案三平面图

第二章 油库电气机械和设备维护与检修

第一节 柴油发电机维护与检修

一、柴油发电机检查与维护

柴油发电机检查与维护的主要内容见表 2-1。

表 2-1 柴油发电机检查与维护的主要内容

检查类别	检查与维护的主要内容
1. 日常检查	(1)检查发电机各部、自动恒压装置及电压调整器等的温度，并应使其不超过有关规定值。 (2)运行中发电机应无不正常噪音和振动。 (3)碳刷、滑环、换向器应无灼伤、磨损和不正常的火花。 (4)发电机绕组和电源引出线的可见部分应无松散、碰伤、灼伤等现象。 (4)各轴承润滑情况是否良好。 (6)各信号、仪表指示应正常。电压平稳，相电压平衡。 (7)当发现有异常振动、杂音、温升超限、短路、励磁机内冒烟或异味等情况时，应立即停车检查
2. 每月检查	(1)包括日常检查内容。 (2)检查各运动装置是否正常。 (3)检查接地装置是否完好有效。 (4)检查发电机的紧固螺栓是否齐全有效。 (5)对不经常使用的发电机，每月应作空载运转 0.5~1h
3. 半年检查	(1)包括月检查内容。 (2)各开关、变阻器、自动励磁调节器等控制设备是否清洁、良好。动作灵活、安全可靠。 (3)保险装置和继电保护装置良好有效。 (4)电气连接是否良好，线、缆有无破损、老化、漏电情况。 (5)对不经常使用的发电机，每半年应带负荷试运转 0.5~1h
4. 年度检查	(1)按设备完好标准要求进行全面检查。 (2)每年至少应对发电机内部作一次检查、清扫

二、常见故障及处理方法

柴油发电机的常见故障及处理方法，见表2-2。

表2-2　柴油发电机常见故障及处理方法

故障特征	原因分析	排除方法
1. 发电机不发电	(1)失去剩磁	(1)进行充磁
	(2)励磁装置不供给励磁电流	(2)检查修理励磁装置
	(3)接线松动或接触不良	(3)将各接线头擦净并接好
	(4)熔断器烧断，发电机有端电压而电压表无读数	(4)断定发电机本身及线路正常后更换新的熔断器
	(5)电刷和滑环接触不良或电刷压力不够	(5)清洁滑环表面，研磨电刷使其与滑环紧密地接触，加强电刷弹簧压力
	(6)刷握生锈，滑环油泥使电刷不能上下滑动	(6)拆下刷握用细砂布擦净生锈表面，如损伤严重应予更换
	(7)转子励磁绕组断路	(7)检查修理
2. 电压调不上去	(1)发电机转速太低	(1)调整转速达到额定值
	(2)励磁电流过小	(2)检修励磁装置
	(3)开关接触不良或损坏	(3)检查开关的接触部分，可用细砂纸擦净接触表面，如损坏严重应更换
	(4)电表不准	(4)检修电表或更换
	(5)高压电阻不合适	(5)调整调压电阻值
3. 电压不稳	(1)励磁电流各元件有接触不良之处或自动调压元件性能不稳	(1)检修或更换相关元件
	(2)励磁变阻器接线松动	(2)将接线紧固接妥
	(3)电刷接触不良	(3)调整电刷压力，磨合电刷与滑环接触面
4. 加上负载后电压下降	(1)励磁电流加不上	(1)检查励磁装置
	(2)单相供电线路接地	(2)使碰地部分绝缘良好
5. 发电机过热	(1)过载或三相负载严重不平衡	(1)随时注意电流表读数，及时调整三相负载平衡地在额定范围内运行，切勿长期过载运行
	(2)铁芯松动	(2)紧固铁芯
	(3)磁场线圈、电枢线圈有短路处	(3)测试检修短路部分线圈
	(4)通风道阻塞，环境温度过高或风扇损坏	(4)将发电机内部吹干净，降低输出电流或检修风扇

续表

故障特征	原因分析	排除方法
6. 轴承过热	(1)轴承过度磨损已损坏	(1)更换新轴承
	(2)润滑油规格不符，装油量过多、过少或油不干净	(2)用汽油或煤油清洗轴承，适量加添符合规格的润滑油
	(3)轴承安装不正确	(3)调整装配正确
	(4)轴承内、外圈有裂纹并出现噪音	(4)更换轴承
7. 电刷冒火	(1)电刷位置错误	(1)按刷架上的记号校正位置
	(2)换向器污染，表面不平，绝缘物凸出电刷与换向器接触不良，电刷质量不好	(2)洗净换向器污物，修理不平处，检修或更换电刷

三、大修周期及项目

大修周期：

（1）新安装的柴油发电机，运行一年后应进行一次大修。

（2）正常运行的柴油发电机每隔五年大修一次。

柴油发电机大修项目，见表2-3。

表2-3　柴油发电机大修项目

部件名称	一般项目		特殊项目
	常修项目	不常修项目	
1. 定子	(1)检查端盖、护板、导风板、衬垫等。 (2)检查和清扫定子绕组引出线及套管。 (3)检查紧固螺丝和清扫绕组端部绝缘、绑线、垫块。 (4)检查和清扫通风沟及槽绝缘。 (5)检查槽楔、铁芯	(1)更换少量槽楔端部绕组的隔块。 (2)端部绕组喷绝缘漆	(1)更换定子绕组或修理定子绕组绝缘。 (2)重焊不合格的定子绕组端部接头
2. 转子	(1)测量定、转子间隙。 (2)抽芯检查转子绕组及其绝缘。 (3)检查转子风道。 (4)检查及处理松动的绑线和槽楔。 (5)检查及清扫刷架、滑环引线，调整电刷压力，更换电刷，打磨滑环	车旋滑环	(1)调整气隙。 (2)处理绕组匝间短路接地。 (3)更换转子结构部组件。 (4)更换转子引线、更换滑环

续表

部件名称	一般项目		特殊项目
	常修项目	不常修项目	
3. 轴承	(1)清洗并检查轴承及油挡有无磨损。 (2)更换润滑脂	更换轴承	
4. 其他	(1)进行预防性试验。 (2)检修清扫发电机的配电装置、电缆、仪表、继电保护装置和控制保护电缆等。 (3)其他根据设备情况需要增加的项目。 (4)检查励磁回路的各种设备	修理发电机的配电装置及更换、检修电缆等	(1)发电机外壳油漆。 (2)更换配电装置、继电器和仪表等

当发现下列情况之一时，应及时进行大修：

（1）发电机出力达不到铭牌数据。

（2）绕组有接地故障或匝间短路故障。

（3）绕组端部焊头松动。

（4）槽楔绑线散裂或松动。

（5）整流子或电刷环冒火。

（6）励磁回路失调。

（7）铁芯硅钢片松动或片间短路严重。

四、大修作业的技术要求

（1）分解时应标记并分别放置与保存。

在分解发电机时，必须注意将全部螺丝、销子、垫铁、电刷、刷握、电力电缆和表计的电缆头，以及衬垫（包括绝缘垫）等都画上记号，并应分别保存，防止被外物碰伤。

（2）取出和放入转子时，均应遵守下列规定：

① 在取出转子时，钢丝绳不应碰在转子的滑动表面、风扇、滑环和转子引出线上。

② 在吊起转子时，不准在转子套箍上施力。

③ 转子的套箍不许用作支持面，应将硬木垫在转子轴颈处。

④ 在取出、放入转子时，在气隙处应用透光仔细检视，防止转子碰在定子上。

⑤ 为了防止钢丝绳在转子上滑动，应该垫上 20~30mm 厚的木板，保护转子铁芯。

⑥ 在取出、放入转子的过程中，需要变更钢丝绳套住转子的位置时，不许

转子放在定子铁芯上，而必须用硬木垫将轴颈垫起。

（3）进行定子、转子检修时，应注意下列事项：

① 进入定子内部检查时，应先在铁芯和线圈端部上铺青壳纸或硬纸，以免弄脏和损坏定子线圈。尤其要防止物体遗落或掉在线圈里。

② 发现铁芯上有锈斑时，应该用金属刷子刷掉。在松弛处打薄云母片或树胶制的楔子。当发现变色锈斑时，应进行铁芯试验。

③ 检查定子线圈的线槽有无强烈过热及楔子松动现象。检查定子端接头有无过热及漆面龟裂现象。必要时，应用大电流试验，测量接头的压降。在漆面脱落处补涂 5031 号表面绝缘漆，对端部已松弛的衬垫进行必要的补充或更换。加强对平日不能检查到的母线连接地区，特别是定子引出线口的检查。

④ 对发电机内部温度计线路的绝缘检查，防止因两点接地造成线路短路而使定子铁芯损坏。

⑤ 整修好端部盖板人孔，定子外壳上毡垫及其他衬垫。

⑥ 检查转子时，应注意其表面有无变色锈斑，以及在铁芯楔子或套箍是否发生过局部过热情况。

⑦ 对定子、转子吹风清扫时，使用的压缩空气应不含有油水，以免损伤绝缘；扫除前后应测定绝缘电阻。

⑧ 拆卸和安装钢箍，应有详细计划，并有熟悉这项工作的技术人员进行指导。

⑨ 定子检查应进行两次，即发电机拆开后与发电机加盖以前，各检查一次。

⑩ 对运行中电刷冒火的发电机应在检修中研磨整流子与滑环表面凹凸不平之处。整修刷架，选择适当材质的电刷。

五、大修质量标准

发电机大修后应达到下列要求：

（1）定子底座内外都应清洁无垢。

（2）定子和转子铁芯应清洁，无灰尘、油垢、锈蚀和裂纹，绝缘漆不得脱落。

（3）各组铁芯应连接紧密：铁芯夹紧，螺丝拧紧，通风口和线槽端部尤其要紧密坚固。

（4）各铁芯夹紧螺丝与铁芯间的绝缘电阻，应该用 2500V 兆欧表测定。

（5）所有通风沟里无灰尘和油垢。

（6）风扇内外和风扇叶片应清洁，坚固无积垢，无裂纹，不松动。

（7）各线圈上的绝缘应无裂痕，不起泡。

（8）线圈固定在槽内，端部支架和隔离垫应清洁、稳固、不松动、无破损。

（9）线槽的楔子应清洁、坚固、合适，没有断裂、松弛和变形现象。

（10）发电机转子套箍应无碰伤和变色，用磁铁试验时无磁性，且铁芯部分无松出痕迹。绑线应无断折、松弛和焊锡脱落现象。

（11）滑环到转子线圈的引出线及其固定装置，应坚固无损伤。

（12）转子滑环应光滑无油垢。

（13）电刷在滑环上的压力，应调整到保证不发生火花的最低压力，一般为0.02~0.03MPa，各电刷的压力差应不超过10%。

（14）电刷架及横杆应紧固，绝缘衬管和绝缘垫须无污垢和破损。电刷架的绝缘电阻用500V兆欧表测定时，应在100MΩ以上。

（15）电刷应有足够的高度。电刷应光滑无破碎痕迹，并与滑环面相吻合。电刷与刷握间应有0.1~0.2mm的间隙。电刷与刷架相连的铜辫接点，应接触良好。

（16）各刷握下部边缘和滑环表面的距离，应为2~3mm。

（17）埋入型温度计的引出线应清洁、固定。绝缘电阻用250~500V兆欧表测定时，应大于1MΩ。

（18）消火装置应完好可靠，管路畅通，接管弯头须牢固。

（19）空气过滤器清洁干燥，出入口闸阀灵活准确。

（20）空气室门关闭应紧密无缝隙，铁件应无锈蚀，灰墙无脱落现象。

（21）空气冷却器的冷却水管，应清洁无结垢，各闸门须开闭灵活准确。

（22）绕组的直流电阻值误差不大于2%。

（23）施加两倍额定的电压如1kV，历时1min，如无闪络、击穿为合格。

（24）负载试车1h并测量负载电流。

（25）各部温升应在允许范围内，见表2-4。

表2-4　发电机允许温升表

发电机部件	环境温度（℃）	允许升温（℃）	
		温度计法	电阻法
滑环	35	70	
换向器	35	65	
滑动轴承	35	30	
滚动轴承	35	65	

发电机部件		环境温度(℃)	允许升温(℃)	
			温度计法	电阻法
绝缘绕组	A 级	35	60	
	B 级	35	75	85
	C 级	40	65	75
	D 级	40	85	100
	E 级	40	95	100

六、发电机的试验项目与时间

柴油发电机的试验项目与时间，见表2-5。

表 2-5　柴油发电机的试验项目与时间

试验项目	试验时间
1. 测量定子线圈的绝缘电阻和吸收比	(1) 交接时。 (2) 大、小修时。 (3) 预防性试验时
2. 测量定子线圈的直流电阻	(1) 交接时。 (2) 大修时
3. 定子线圈直流耐压试验和泄漏电流的测量	(1) 交接时。 (2) 大修时。 (3) 预防性试验时
4. 定子线圈的交流耐压试验	(1) 交接时。 (2) 大修时
5. 测量转子线圈的绝缘电阻	(1) 交接时。 (2) 大、小修时。 (3) 预防性试验时。 (4) 每次停机后和开车前。 (5) 停机过程中及励磁回路断开后，在各种转速下(有必要时)
6. 测量转子线圈的直流电阻	(1) 交接时。 (2) 大修时

试验项目	试验时间
7. 转子线圈的交流耐压试验	(1)隐极式转子在拆卸套箍清扫后。 (2)全部或局部更换线圈时
8. 测量发电机励磁回路及所连接的所有设备(不包括发电机转子)的绝缘电阻	(1)交接时。 (2)大、小修时
9. 测量能接触到的定子铁心的绝缘穿心螺丝电阻	(1)交接时。 (2)大修时
10. 铁心试验	对铁芯有疑问或无制造厂合格证时
11. 测量发电机轴承的绝缘电阻	(1)交接时。 (2)大修时
12. 测量接地电阻器和可变励磁电阻器的直流电阻	(1)交接时。 (2)大修时
13. 测量接地电阻器的绝缘电阻	(1)交接时。 (2)大修时
14. 接地电阻器的交流耐压试验	(1)交接时。 (2)大修时
15. 测量定子与转子之间的间隙	(1)交接时。 (2)大修时
16. 测量转子线圈的阻抗	(1)交接时。 (2)大修时
17. 测量机组轴承振动	(1)交接时。 (2)大修前后
18. 检查相位	(1)交接时。 (2)改变接线时

七、发电机的验收标准

发电机的验收标准，有如下几方面。

（1）测量定子铁芯的绝缘穿心螺丝的绝缘时，应使用 1000V 兆欧表。

（2）进行定子铁芯试验时，用 0.8~1T(特[斯拉])的磁通密度试验，持续时间为 20min。齿间最高温升按 1T 折算，不得超过 45℃。各齿间最大温差不得超过 30℃；新机的铁芯齿部温升，一般不应超过 25℃，温差不超过 15℃。

（3）测量发电机轴承的绝缘电阻时，应装好油管后，使用 10000V 的兆欧表。发电机轴承的绝缘电阻不得低于 1MΩ。

（4）接地电阻器和励磁可变电阻器的直流电阻，与铭牌数据或最初测得数值比较，相关不应超过 10%。

（5）接地电阻器的交流耐压试验电压力 15000V。

（6）灭磁电阻器的交流耐压试验电压力 2000V。

（7）励磁可变电阻器的交流耐压试验电压力 1000V。

（8）发电机的振动，应在轴承盖上三个方向（垂直、纵向、横向）测量，振动值不得超过表 2-6 的规定。

表 2-6　振动烈度评定等级表（中石化标准 SHS 01003—2004）

振动烈度的范围		振动烈度评定等级			
分级范围（mm/s）	在该范围极限上的速度均方根（mm/s）	I	II	III	IV
0.28					
0.45	0.28	A			
0.71	0.45		A	A	
0.12	0.71				A
1.8	1.12	B			
2.8	1.8		B		
4.5	2.8	C		B	
7.1	4.5		C		B
11.2	7.1	D		C	
18	11.2		D		C
28	18			D	
45	28				D
71	45				

注：（1）Ⅰ、Ⅱ、Ⅲ、Ⅳ 为机器分类：

　　　　Ⅰ——小型转机，如 15kW 以下的电动机；

　　　　Ⅱ——安装在刚性基础上的中型转机，功率在 300kW 以下；

　　　　Ⅲ——大型转机，机器—支承系统为刚性支承状态；

　　　　Ⅳ——大型转机，机器—支承系统为挠性支承状态。

　（2）A 区——新交付使用的机器应达到的状态或优良状态；

　　　　B 区——机器可以长期运行或合格状态；

　　　　C 区——机器尚可短期运行但必须采取相应补救措施，或不合格状态；

　　　　D 区——不允许状态。

（9）电机相位，应与电网一致。

（10）发电机各试验项目测试合格；经试运转符合验收标准，并满足石油库作业需要。

（11）达到设备完好标准的规定。

（12）技术资料(大修记录、仪表及自动装置的调整校验记录、电气设备的试验记录等)齐全。按规定办理验收记录。

八、发电机报废条件

当符合下列条件之一时，可予报废。

（1）出力达不到额定值的50%。

（2）转子变形、严重扫膛。

（3）线圈严重烧毁，铁芯严重受损。

（4）转轴弯曲或裂损至难以矫正、修补。

第二节 电动机维护与检修

一、电动机检查与维护

（一）电动机检查

1. 日常检查和月检查

电动机日常检查和月检查，见表2-7。

表2-7 电动机日常检查和月检查

部位	日常检查（运行中）	每月检查（停车时）	解体检查
1. 定子	声音；温度；振动	绝缘电阻；清扫	线圈：(1)楔子；(2)变形；(3)绑扎线；(4)间隔片；(5)松动；(6)损伤；(7)引出线；(8)绝缘电阻；(9)清扫
			铁芯：(1)通风道灰尘；(2)风道间隔体的松动
			各部位变形、裂纹、断裂等情况的有无
			测量空间加热器的绝缘电阻

续表

部位	日常检查 （运行中）	每月检查 （停车时）	解体检查
2. 转子	声音	绝缘电阻	线圈：(1)楔子；(2)变形；(3)捆绑线；(4)松动；(5)绝缘；(6)引出线；(7)绝缘电阻；(8)连接；(9)清扫涂漆
			铁芯：(1)通风道灰尘；(2)风道间隔体的松动；(3)铁芯松动
			啮合部位以及平衡块的松动
			和定子部位有异常触碰
3. 轴承	声音； 温度； 漏油； 振动	润滑脂老化	轴承
			润滑脂
4. 其他	臭气； 仪表指示	校对仪表指示	绝缘烧焦
			调整或更换仪表

2. 每半年检查

(1) 完成日、月检查内容。

(2) 润滑脂的老化消耗，按维护保养计划补加润滑脂或者把老化的润滑脂排掉。

(3) 测量绝缘电阻，核对绝缘电阻是否在规定数值以上。

(4) 修补掉漆、生锈的地方。

3. 每年(隔爆式每两年)应解体检查一次

(1) 完成半年检查内容。

(2) 轴承部位：去掉轴承及盖上的污染，换油。

(3) 线圈及绝缘：检查线圈绑扎的松紧情况，清扫黏附的灰尘等。

(4) 其他：检查出损坏的地方进行维修或换新，将污染之处全部清扫干净。

4. 检查电刷时应注意的事项

当运转操作人员发现电动机滑环和整流子有异状时，应通知电气值班人员，由电气专职人员进行滑环和整流子的检查和维护。

(1) 电刷是否冒火。

(2) 电刷在滑环内是否晃动或滞塞。

(3) 电刷软导线是否完整，接触是否紧密，是否和外壳短路。

（4）电刷边缘是否磨坏。

（5）有无已磨损的电刷。

（6）电刷是否因滑环磨损、电刷固定太松及电动机振动等原因而振动。如发现有异常现象，应设法消除。

（二）电动机常见故障原因分析与排除方法

电动机的常见故障原因分析和排除方法，见表2-8。

表2-8　电动机常见故障原因分析与排除方法

故障	原因分析	排除方法
1. 电动机接入电源后绝缘击穿	（1）单相启动	（1）检查电源线，电动机引出线，熔断器，开关各对触点，找出断点或虚接故障
	（2）定子、转子绕组接地或短路	（2）查清原因，进行修复
	（3）电动机负载过大或被卡住	（3）将负载调至额定值，并排除被拖动机械的故障
	（4）熔断丝截面积过小	（4）一般应按下式选择熔断器：熔断器额定电压=启动电流/（2~3）
2. 电动机不能启动，转速较额定低	（1）电源未接通	（1）检查熔丝开关各对触头及电动机引出接头
	（2）电源电压过低或负载过大	（2）调整线路电压，减轻负载或更换容量大的电动机
	（3）被拖动的机械发生故障，负载增大	（3）检修电动机拖动负载机械
	（4）供电线断线，熔丝熔断，开关启动设备有一相接触不良	（4）接通断线，更换熔断丝，修复不良触点
	（5）定子或转子线圈断路	（5）用万用表、兆欧表或电灯法找断路处，连接好再通电源
	（6）定子或转子线圈短路	（6）查局部个别绕组短路时，电动机还是能启动的，这时只能引起熔丝熔断；如果短路严重，电动机不能启动，应重新更换绕组
	（7）绕线转子电动机所接的启动电阻太小或被短路	（7）增大启动电阻
	（8）电源到电动机之间的连接线短路	（8）检查短路点后进行修复

续表

故障	原因分析	排除方法
3. 电动机空功或加货时，三相电流不平	(1)三相电源电压不平衡	(1)调整电源电压
	(2)部分线圈匝数有错误	(2)更换匝数错误的线圈
	(3)部分线圈间的接线有错误	(3)用指南针法或灯泡法，找出接错的线圈，然后纠正过来
	(4)定子线圈部分短路	(4)更换短路线圈
4. 电动机强烈发热或冒烟	(1)过载	(1)降低负载或换一台容量大的电动机
	(2)电源电压较额定值过高或过低	(2)调整电源电压至额定值，允许波动范围±10%
	(3)通风不良	(3)检查电动机通风孔道是否堵塞，风扇是否脱落
	(4)定子铁芯部分硅钢片之间绝缘不良或有毛刺	(4)处理好硅钢片绝缘，除毛刺
	(5)电动机周围环境温度过高	(5)采用外风扇通风冷却
	(6)定子绕组有短路或接地故障	(6)找出短路处或接地处，更换线圈
	(7)线绕型转子绕组的焊接点脱焊，鼠笼型转子导条断裂，引起转子发热，且转速和转矩也显著下降	(7)仔细检查各焊接点，重新焊牢，对鼠笼型转子用短路变压器找出导体断裂处修复
	(8)重绕后的线圈由于接线错误或绕制线圈匝数错误	(8)纠正接线，绕制正确匝数线圈替换
	(9)电动机受潮或浸漆后烘焙干燥不够	(9)重新烘干处理
	(10)定子、转子铁芯相擦	(10)校正好转子中心线(同轴度)，镗去定子、转子内外圆上凸出的硅钢片；更换新轴承
	(11)电源一相断路或三相绕相一相断路	(11)找出断线处接上
5. 绕线型电动机转速变慢	(1)转子线圈匝间短路	(1)找出短路处加以修复
	(2)启动变阻器没有切除	(2)切除变阻器
	(3)碳刷脱落，碳刷弹簧失效，压力太小，碳刷截面积大小，电阻增大	(3)更换合适的碳刷或弹簧

续表

故障	原因分析	排除方法
6. 电动机剧烈振动和声音不正常	(1)电动机两相运转(电动机发出连续牛叫声)	(1)一相熔丝熔断,可能熔丝大小,应通过计算,调换新熔丝。检查线路和断线处或三相绕组断路处,并接通
	(2)定子或转子铁芯压装不紧	(2)有设备条件时可以重新压装
	(3)转子与定子摩擦	(3)端盖位置不好,可调正位置上紧螺栓;轴承损坏,可更换新轴承;转轴弯曲,进行校正;轴承与转轴配合松动,松动严重,应重新换轴
	(4)空气间隙不均匀	(4)校正转子中心线、定子同轴度,更换轴承
	(5)安装不良,电动机在基础上未经精密校正,底脚螺丝不紧,联轴器松动,安装不正	(5)重新校正,安装并将松动处固定,拧紧固定螺钉
	(6)定子铁芯外径与机座内径之间的配合不够紧密	(6)可用电焊点焊数处,或在机座外部向定子铁芯钻螺孔,加固定螺栓
	(7)鼠笼型电动机转子中个别导条断裂,滑环式电动机转子线圈断路或滑环断裂	(7)先找出断路点,在断点处钻一个适当小孔并攻丝,用螺钉楔入并铆死修平;接通断线圈;更换新集电环
	(8)滚动轴承发出响声	(8)严重缺乏润滑油,应加适量润滑油;轴承本身摩擦,滚道有麻点,更换新轴承;有杂物用溶剂汽油清洗
7. 电刷着火、滑环过热或烧坏	(1)电刷尺寸或牌号不符	(1)按制造厂标准规定更换
	(2)电刷压力不足或过大	(2)调整各电刷压力,一般按 1.5 ~ 2.5N/cm² 来选择
	(3)电刷与滑环接触面接触不好或粗糙度大	(3)用 0# 砂布插在电刷与滑环之间进行磨合
	(4)滑环不平,不圆或不清洁	(4)车床车光滑环外圆,清除油污
	(5)碳刷的质量不好或总面积不够	(5)换新碳刷,或换截面积较大的碳刷

二、大修周期

(1) 新安装电动机的参考大修周期,运行一年后进行一次大修。

(2) 正常运行电动机的参考大修周期,一般 3~5 年或运行 3000h 即应进行大修。

当发现下列情况之一时，应及时进行大修或作对症检修：

（1）当电网和负载情况都正常，但电动机输出功率达不到铭牌数据。

（2）机壳、端盖、接线盒、底脚等外部铸件开裂。

（3）电动机某一部件温升超过允许值。

（4）电动机振动超过表2-9规定的允许值。

表2-9　电动机双幅振动允许值

额定转速（r/min）		3000	1500	1000	750及以下
双幅振动值 （mm）	防爆	0.05	0.085	0.10	0.12
	一般	0.06	0.10	0.13	0.16

（5）轴承间隙超过允许值（可更换轴承）。

（6）电动机因本身绝缘劣化导致绝缘电阻值下降到每千伏额定电压$1M\Omega$（75℃）以下（应排除单纯性受潮导致绝缘电阻值下降的可能性）。

（7）绕组的直流电阻值误差大于2%。

（8）绕组绝缘有脱落、发脆、碰伤、露铜现象。

（9）交流耐压试验不合格。合格标准施加两倍额定电压加1kV，历时1min，如无闪络、击穿现象为合格。

三、大修项目及质量标准

电动机的大修项目及质量标准，见表2-10。

表2-10　电动机的大修项目及质量标准

大　修　项　目		质　量　标　准
1. 外观检查	（1）污垢	（1）无积尘油垢，无锈蚀剥落
	（2）裂损	（2）无裂纹缺损
	（3）通风	（3）风罩、风道完整正常
	（4）松动	（4）紧固件齐全无松动现象（包括接地）
2. 解体抽芯检查转子	（1）污垢	（1）无积尘油垢，无锈蚀剥落
	（2）铁芯	（2）无松动生锈，无片间绝缘损伤，无擦痕
	（3）槽楔	（3）无松动、变色
	（4）绝缘	（4）无受损脆裂变形或受潮
	（5）焊头	（5）焊接紧固良好，无开裂脱焊松动
	（6）端	（6）无变形、裂纹
	（7）平衡块	（7）稳固不松

大 修 项 目		质 量 标 准
3. 定子	(1) 尘垢油污	(1) 无污垢
	(2) 铁芯	(2) 无锈蚀松动, 片间绝缘良好
	(3) 槽楔	(3) 不松动、不变
	(4) 线圈	(4) 绝缘良好, 不弹性, 无裂纹脆裂, 露铜, 无断、短路
4. 电刷及刷架	(1) 清除尘垢。 (2) 检查电刷接头。 (3) 检查并调整弹簧。 (4) 检查电刷磨损程度。 (5) 检查并调整电刷位置	符合规定要求
5. 换向器	(1) 检查表面磨损及灼伤。 (2) 检查片间绝缘。 (3) 检查焊接点。 (4) 检查表面不平度	应小于 0.2mm (GB 50150—2006)
6. 轴承	间隙、润滑、锈蚀	符合规定要求

四、大修作业的技术要求

电动机大修作业的技术要求如下。

（1）电动机解体。电动机解体时，必须将所有螺栓、刷架及垫铁等作好标记号，防爆电动机必须保护好防爆面。

（2）抽装电动机转子。抽装电动机转子时，要遵守下列规定：

① 抽出或装进转子，所用钢丝绳不应碰到转子、轴承、风扇、滑环和线圈；

② 宜将转子放在硬衬垫上；

③ 应特别注意不使转子碰到定子；

④ 用钢丝绳拴转子的部位，必须衬以木垫。

（3）检修定子。检修定子时，应用干净压缩空气把通风沟和线圈端部吹净。为了避免损坏绝缘，在定子线圈上清除污垢时，必须注意不得使用金属工具，必须用木质或绝缘板制成的剔片。

（4）检查定子铁芯。检查定子铁芯时，应注意定子铁芯是否压紧，如果发现铁芯松弛，应在松弛处打入绝缘板制成的楔子；检查定子线圈的槽部时，应特别注意线圈的开口部分。必须处理松动和变色的槽楔；检查接线盒，清除上面的灰尘，拧紧螺栓，并检查其密封程度。

（5）检查线圈的端部。检查线圈的端部时，须检查绝缘有无损坏和漆膜的状况。注意端部固定状况，发现端部有松弛的地方，应加上垫块或用新的垫块和绑线把端部紧固；线圈端部绝缘漆膜发生龟裂、脱落，应重新加强绝缘。

（6）测定线圈的绝缘电阻。注意电动机内不应留下杂物，并用兆欧表测定线圈的绝缘电阻。

（7）转子检修：

① 用压缩空气将转子吹净。

② 检查线圈、线棒和接头焊接情况。

③ 检查并处理已松弛和损坏的楔条。

④ 检查风扇本身及其固定状况。

⑤ 检查滑环状况，滑环表面不平滑状况不应超过 0.5mm。

⑥ 检查转子线圈与绑线的绝缘状况，必要时，应加强绝缘。

⑦ 测定轴承座与地之间的绝缘电阻。

（8）电刷与滑环。电刷与滑环面应吻合，刷子与刷握间应有 0.1~0.2mm 的间隙。各刷握下部边缘与滑环距离，应为 2~3mm。电刷在滑环上压力，应调整到不发生火花的最低压力，一般为 0.02~0.03MPa；各刷子的压力不得相差10%。刷架与横杆应紧固，绝缘衬管、绝缘垫及滑环间应无污垢、不破损。刷架绝缘电阻应在 100MΩ 以上。

（9）更换线圈与干燥电动机。局部、全部更换线圈，或者受潮的电动机，应进行干燥。长期不用的电动机，应该用摇表测量绝缘电阻，根据测量结果，判断电动机是否需要干燥。

（10）电动机分解。电动机分解后，拆下轴承，用煤油或汽油洗净。测定轴承的间隙超过允许值时，应更换滚动轴承。

（11）检修冷却系统。检修冷却系统时，必须同时检查测温、风叶及其他附属装置。

五、电动机试验

（1）电动机试验项目与时间，见表 2-11。

表 2-11 电动机试验项目与时间

试验项目	试验时间
1. 测量线圈的绝缘电阻及吸收比	（1）交接时。
	（2）大、小修时。
	（3）预防性试验时

续表

试验项目	试验时间
2. 测量线圈直流电阻	(1)交接时。 (2)大修时
3. 定子线圈交流耐压试验	(1)交接时。 (2)更换线圈时。 (3)预防性试验时
4. 定子线圈泄漏电流试验	(1)交接时。 (2)大修时。 (3)预防性试验时
5. 绕线型电动机转子线圈耐压试验	(1)交接时。 (2)大修时
6. 同步机励磁线圈交流耐压试验	(1)交接时。 (2)大修时
7. 转子绑线交流耐压试验	(1)交接时。 (2)大修时
8. 转子轴座与地之间的绝缘电阻	(1)交接时。 (2)大修时
9. 测定可变电阻器或启动电阻器的直流电阻	(1)交接时。 (2)大修时
10. 可变电阻器与天磁电阻交流压试验	(1)交接时。 (2)大修时
11. 同步机与励磁机的轴承座绝缘电阻	(1)交接时。 (2)大修时
12. 定子与转子铁芯的气隙	(1)交接时。 (2)大修时
13. 检查定子线圈各相极性	(1)交接时。 (2)改变接线时
14. 电动机空载检查，并测量空载电流	(1)交接时。 (2)大、小修时
15. 测定电动机的振动	(1)交接时。 (2)大、小修时

注：(1) 低压电动机容量为 75kW 及以下，可只作 1、14 两项试验；

(2) 除交接和大修时更换线圈的电动机外，3 与 4 两项可任做一项。

（2）电动机的定子和转子线圈的绝缘电阻，在热状态(75℃)的条件下，每千伏不应小于1MΩ。但是，转子线圈绝缘电阻值最低不得小于0.5MΩ。

（3）电动机的第一次启动一般在空载情况下进行，空载运行时间为2h，并记录电动机的空载电流。

（4）试运转时，应符合下列要求。

① 电流在允许范围以内，出力达到铭牌要求。

② 定子、转子温升和轴承温度在允许范围以内：A级绝缘不超过60℃；E级绝缘不超过65℃；B级绝缘不超过75℃；F级绝缘不超过85℃；H级绝缘不超过95℃；滑动轴承温度不超过85℃；滚动轴承温度不超过75℃。

③ 滑环、整流子无火花运行。

④ 各部振幅及轴向窜动不大于规定值。

（5）滑动轴承的轴向窜动，不得大于表2-12的数值。

表 2-12 电动机滑动轴承的轴向自动允许值

电动机容量(kW)	轴向窜动允许值(mm)	
	向一侧	向两侧
≤10	0.50	1.00
1020	0.75	1.50
3070	1.00	2.00
70125	1.50	3.00
>125	2.00	4.00
轴径大于200mm	轴径的2%	

（6）电动机定子与转子铁芯间的气隙能够调节的，最大与最小之差应不大于平均值10%。

六、电动机验收

电动机验收要求如下。

（1）电动机各试验项目及试运行合格，满足作业机械的动力需要。

（2）符合设备完好标准的规定。

（3）检修记录、调整试验记录、装配技术记录(包括电动机干燥记录)齐全，按规定办理验收手续。

七、电动机报废条件

当发现下列情况之一时，可予报废。

（1）绕组完全烧毁。

（2）转子变形或转轴弯曲使电动机扫膛。

（3）机座破裂、焊补工作量过大。

（4）当实际负荷小于电动机额定功率40%时，应更新功率适宜的电动机。

（5）淘汰机型。

第三节　变压器维护与检修

一、变压器检查与维护

（一）变压器检查的主要内容

变压器检查的主要内容，见表2-13。

表2-13　变压器检查的主要内容

检查类别	检查主要内容
1. 日常检查	（1）运行声音正常。 （2）顶层油温不超过85℃，油位在规定的监视线内。 （3）运行电压、电流正常。 （4）外壳无渗漏油
2. 每月检查	（1）包括日常检查内容。 （2）套管是否清洁，有无破损裂纹，放电痕迹及其他现象。 （3）冷动装置运行是否正常。 （4）母线、电缆和连接点有无异常情况。 （5）防爆筒隔膜是否完整。 （6）瓦斯继电器的油面和连接门是否打开。 （7）外壳接地情况。 （8）油的再生装置和过滤器的工作情况。 （9）击穿式保险器的状态。 （10）油枕的集油器内有无水和不洁物质。 （11）检查干燥剂是否已潮到饱和状态。 （12）油门和其他各处铅封情况
3. 年度检查	（1）包括月检查内容。 （2）按设备完好标准规定进行全面检查

（二）变压器维护

1. 变压器的常见故障原因分析与排除方法

变压器的常见故障原因分析与排除方法，见表2-14。

表 2-14　变压器故障原因分析及排除方法

故障	原因分析	排除方法
1. 铁芯片间绝缘损坏	(1)铁芯片间绝缘老化	吊芯、用电压电流表法测片间绝缘电阻，抽出损坏的硅钢片，两面涂 1611 号或 1030 号漆，两面漆膜总厚为 0.01~0.015mm，干燥后插入固紧
	(2)有局部损坏	
	(3)受强烈震动引起片间摩擦	
2. 铁芯片间局部短路和铁芯局部熔毁	(1) 铁芯的穿芯螺杆绝缘损坏，螺栓与铁芯片短路	(1) 更换穿芯螺杆的绝缘套管和两端绝缘垫
	(2)接地方法不正确构成短路	(2)改变接地方法
	(3)硅钢片间绝缘老化	(3)硅钢片绝缘损坏处理方法同故障(1)
3. 接地片断裂或接触不良	(1)螺栓没有拧紧	吊出器身，加接地片的连接
	(2)接地片没有插紧	
4. 铁芯松动，有不正常的震动声或噪声	(1)铁芯叠片中缺片或多片	(1)应补片或抽片确保铁芯夹紧
	(2)铁芯油道内或夹件下面有未夹紧的自由端	(2)将自由端用纸板塞紧压住
	(3)铁芯的紧固零件松动	(3)检查紧固件并予以紧固
	(4)铁芯间有杂物	(4)清除杂物
5. 线圈匝间短路	(1)由于自然损坏，散热不良或长期过载使匝间绝缘老化	(1)吊出器身，检查
	(2)由于变压器短路或其他故障，使线圈受到震动与变形、损伤匝间绝缘	(2)用电桥测各绕组直流电阻是否相同，三相阻值差较大则更换绕组
	(3)由于变压器进水、水浸入绕组内	(3)更换变压器油，并对变压器绕组进行线路烘干
	(4)绕组绕制时导线有毛刺，焊接不良，绝缘不完善，压装不正确	(4)局部短路可部分调换绕组，损坏严重应重绕绕组
6. 线圈断线	(1)导线焊接不良	(1)由于焊接不良可重新焊接
	(2)匝间、层间或相间短路造成断线	(2)匝间、层间、相间短路造成断线，应重绕绕组
	(3)由于强烈的震动、连接不良或短路应力使引线断开	(3)引线断开可重新连接，加固
	(4)雷击造成断线	(4)找出断点，并焊接

故障	原因分析	排除方法
7. 对地击穿	(1)主绝缘老化、破裂、折断等缺陷	(1)根据击穿情况局部更换绕组或重绕绕组
	(2)绝缘油受潮	(2)更换绝缘油
	(3)由于渗漏油,引起严重缺油	(3)处理渗漏油点,并加进合格变压器油
	(4)绕组内有杂物;过电压引起;由于短路的绕组变形引起;二次引线转动造成对地击穿	(4)引线对地击穿可吊芯处理
8. 绕组相间短路	原因除与对地击穿相同外,引线间短路及套管间短路也可造成相间短路	绕组相间适中应重绕绕组引线,套管短路可吊装、局部检修、更换
9. 分接开关触头表面熔化、灼伤	(1)装配不当,如手轮指示位置晃量大,使动静触头错位,造成表面接触不良	(1)定期检查、检修。转动分接开关应保证触头接触的位置正确,接触良好
	(2)弹簧压力不够	(2)更换弹簧使触点压紧
10. 分接开关相间各接头或分接头放电	(1)过电压引起	(1)调整电压至额定值
	(2)绝缘受潮,变压器油有灰尘杂质	(2)滤油,除去油中小分子杂质
	(3)螺丝松动,触头接触不良产生爬电,烧坏绝缘	(3)紧固螺栓;用清洁干燥布擦拭分接开关
11. 套管间放电或对地击穿	(1)套管间有杂物或小动物	(1)清除套管表面及周围的杂物并擦洗干净
	(2)瓷件表现较脏或有裂纹	(2)若瓷件表面有裂纹应予更换
12. 绝缘油变质	(1)变压器发生故障时产生气体	分析油质、滤油。对失效的变压器油进行净化处理,恢复绝缘油的性能
	(2)变压器长期受热恶化	
13. 断电器动作	变压器内部发生绝缘击穿;线圈短路;绝缘烧毁。铁芯、木架烧坏;油质炭化、油内闪烁等	分析气体数量、颜色、气味、可燃性等,对油进行理化试验;分析原因,停电进行相应处理
14. 油管堵塞、油泥多、硅胶变色	油枕内油氧化、受潮,产生机械杂质、水分等	(1)放出集泥器内油泥和水分
		(2)疏通油管与油枕、油枕与油标中间通道
		(3)更换硅胶
15. 变压器雷击损坏	(1)选用的避雷器质量差,放电电压高于变压器所能承受的电压	(1)选用合格的避雷器
	(2)避雷器损坏未及时更换,雷电流通路被断路	(2)定期进行检查,及时更换合格避雷器
	(3)避雷器的接地引线不符合规定要求,导电能力和机械强度差	(3)接地引线均采用铜芯多股线,规格为$16mm^2$以上

续表

故障	原因分析	排除方法
15. 变压器雷击损坏	(4)接地电阻超过规定值较多	(4)定期测试接地电阻值,当阻值大于规定值时,应增大接地极数目,直到阻值小于规定值为止
	(5)避雷器安装位置不合适	(5)避雷器应靠近变压器安装

2. 变压器油的定期化验及更换

(1)变压器密封式套管内装的油,有载分接开关接触器吊筒内装的油与变压器油箱内装的油是分开的,应分别取油样。

(2)变压器油箱内装的油每 6 个月取油样化验 1 次;有载分接开关吊筒内装的油应每 3 个月取油样化验 1 次;密封式套管内装的油,应每 1~2 年取油样化验 1 次;有载分接开关吊筒内装的油,当切换次数超过 2500 次时必须换油,在 1 年内次数不到 2500 次时,也需换 1 次油。

(3)当变压器发生事故时,事故后必须取样化验。

二、变压器大修项目

变压器大修项目,见表 2-15。

表 2-15 变压器大修项目

部件名称	一般项目		特殊项目
	常修项目	不常修项目	
1. 外壳及绝缘油	(1)检查和清扫外壳,包括本体、大盖、衬垫、储油柜、散热器、阀门、安全气道、滚轮等,消除渗漏油。 (2)检查清扫油再生装置,更换或补充干燥剂。 (3)根据油质情况,过滤变压器油。 (4)检查接地装置。 (5)变压器外壳防腐。 (6)本体做油压试验	(1)拆下散热器进行补焊及油压试验。 (2)焊接外壳	(1)更换变压器油。 (2)更换散热器。 (3)加装油再生装置
2. 芯子	(1)吊芯进行内部检查。 (2)检查铁芯、铁芯接地情况及穿芯螺栓的绝缘状况。 (3)检查及清理线圈点图压紧装置、垫块、引线、各部分螺栓、油路及接线板	密封式变压器吊芯	(1)更换部分线圈或修理线圈。 (2)修理铁芯。 (3)干燥线圈

部件名称	一般项目		特殊项目
	常修项目	不常修项目	
3. 冷却系统	(1)检查风扇电动机及其控制回路。 (2)检查强迫油循环泵、电动机及其管路、阀门等装置。 (3)检查清理冷却器及水冷却系统,包括水管道、阀门等装置,进行冷却器的水压试验。 (4)消除漏油、漏水		(1)改变冷却方式(如增加强迫油循环等装置)。 (2)更换泵或电动机。 (3)更换冷油器铜管
4. 分接头切换调压装置	(1)检查并修理有载或无载分接头切换装置,包括附加电抗器、定触点、动触点及其传动机构。 (2)检查并修理有载分接头的控制装置,包括电动机、传动机构及其操作回路		(1)更换传动机械零件。 (2)更换分接头切换装置
5. 套管	(1)检查并清扫全部套管。 (2)检查充油式套管的油质情况,必要时更换绝缘油。 (3)检查相序应正确,相色清晰	套管解体检修	(1)更换套管。 (2)用随套管结构
6. 其他	(1)检查并校验温度计。 (2)检查空气干燥器及干燥。 (3)检查及清扫油位计。 (4)检查及校验仪表、继电保护装置、控制信号装置等及其二次回路。 (5)进行规定的测量和试验。 (6)检查及清扫变压器电气连接系统的配电装置及电缆。 (7)检查充氮保护装置。 (8)检查胶囊老化及吸收管道畅通情况	检查及清扫事故排油装置	(1)充氮保护装置。 (2)补充或更换氮气

三、大修质量标准与检修

(一) 吊芯要求

(1) 吊芯工作不应在雨雪天气或相对湿度大于75%的条件下进行,并事先做好铁芯的防潮、防尘措施。

(2) 吊芯工作时周围空气温度不宜低于0℃,变压器器身温度(上铁轭测得温度)不宜低于周围空气温度,当器身温度低于周围空气温度时,宜将变压器加热,使其器身温度高于周围环境温度10℃时,方可吊芯。

（3）变压器从放油开始时算起，至注油开始为止，铁芯与空气接触时间不应超过下列规定：

① 空气相对湿度不大于 65% 时为 16h。

② 空气相对湿度不大于 75% 时为 12h。

（二）铁芯检修

（1）铁芯表面清洁、无油垢、无锈蚀，铁芯紧密整齐，无过热变色等现象。

（2）铁芯接地良好，且只有一点接地。

（3）所有的穿芯螺栓应紧固，用 1000V 或 2500V 兆欧表测量穿芯螺栓与铁芯以及与扼铁夹件之间的绝缘电阻（应拆开接地片），其值不得低于最初测得的绝缘电阻值的 50%，或其不小于表 2-16 的规定。

表 2-16　穿芯螺栓与铁芯、扼铁夹件的绝缘电阻

变压器额定电压（kV）	≤10	20~35	40~66	110~120
绝缘电阻（MΩ）	2	5	7.5	20

（4）穿芯螺栓应作交流 1000V 或直流 2500V 的耐压试验 1min，无闪络、击穿现象。

（5）各部所有螺栓应紧固，并有防松措施，绝缘螺栓应无损坏，防松绑扎完好。

（三）线圈的检修

（1）线圈表面清洁无垢，油道畅通，上下夹件紧固，绑扎带完整无裂；垫块排列整齐，无松动或断裂。

（2）各组线圈应排列整齐，间隙均匀，无移动变位；线圈焊接处无熔化及开裂现象。

（3）线圈绝缘层完整，表面无过热变色、脆裂或击穿等缺陷。

（4）引出线绝缘良好无变形，包扎紧固无破裂；引出线固定牢靠，其固定支架紧固；引出线与套管连接牢靠，接触良好紧密；引出线接线正确，引线间及对地绝缘距离应符合表 2-17 的规定。

表 2-17　引线间及对地绝缘距离

额定电压（kV）	6	10	35	110
油中引出线沿木质表面的最小对地距离（mm）	30	40	100	380
套管导电部分对地的油间隙（mm）	25	30	90	370

（四）分接头切换装置的检修

（1）分接头切换装置的绝缘部件在空气中的暴露时间不应超过下列规定：

① 空气相对湿度不大于 65% 时为 16h；

② 空气相对湿度不大于 75% 时为 12h。

（2）分接头切装换置的各分接点与线圈的连接应紧固正确；各分接头应清洁，在接触位置应接触紧密，弹力良好，用 0.05mm 塞尺检查，应塞不进去，测量各分接头在接触位置的接触电阻不大于 500μΩ。

（3）传动装置操作正确，传动灵活，转动接点应正确地停留在各个位置上且与指示器所指位置一致；绝缘部件清洁、无损伤、绝缘良好。

（五）套管的检修

（1）套管的瓷件应完好，无裂纹、破损或瓷釉损伤，瓷釉外表面无闪络痕迹。

（2）瓷件与铁件应结合牢固，其胶合处的填料完整，铁件表面无锈蚀，油漆完好。

（3）绝缘层包扎紧密无松脱，表面清洁，无老化焦脆现象。

（4）电容式套管各接合处不得有渗油或漏油现象，套管油取样化验符合规定要求，油位计完好，指示正确。

（5）电容式套管内引出的分压引线良好。

（六）冷却系统的检修

（1）风扇电动机应清洁、牢固、转动灵活、叶片完好；试运转时应无振动、过热或与风筒碰擦等情况，转向应正确；电动机的操作回路、开关等绝缘良好。

（2）强迫油循环系统的油、水管路应完好无渗漏；管路中的阀门应操作灵活，开阀位置正确；阀门及法兰连接处应密封良好。

（3）强迫油循环泵转向应正确，转动时应无异声、振动和过热现象；其密封应良好，无渗油或进气现象。

（4）差压继电器、流动继电器应经校验合格，且密封良好，动作可靠。

（七）外壳及附件的检修

（1）油箱及顶盖应清洁，无锈蚀油垢、渗油。

（2）储油柜应清洁无渗漏，储油柜中的胶囊应完整无破损、无裂纹和渗漏现象；胶囊沿长度方向与储油柜的长轴保持平行，不应扭偏；胶囊口的密封应良好，呼吸应畅通。

（3）油位计指示应正确，玻璃完好透明无裂纹或渗油现象，油面监视线清楚。

（4）安全气道内壁清洁，隔膜应完好，密封良好。

（5）吸湿器与储油柜间的连接管的密封应良好；吸湿剂应干燥；油封油位应在油面线上。

（6）净油器内部应清洁，无锈蚀及油垢，吸湿剂应干燥，其滤网的安装位置应正确。

（7）气体继电器应水平安装于顶盖，其顶盖上标志的箭头应指向储油柜，其与边通管的连接应密封良好，室外变压器的气体继电器防雨设施完好。

（8）温度计指示正确，信号接点应动作正确、导通良好，表面无裂纹、玻璃窗清洁透明，密封严密；接线端牢固，引线绝缘良好。

（9）各种阀门应操作灵活，关闭严密，无渗漏油现象。

（10）变压器铭牌及编号牌表面应清洁平整、参数齐全、字迹清楚。

（八）变压器的密封及注油

（1）变压器的所有法兰连接面，应用耐油橡胶密封垫（圈）密封；密封垫（圈）应无扭曲、变形、裂纹、毛刺；密封垫（圈）应与法兰面的尺寸相配合。

（2）法兰连接面应平整清洁；密封垫应擦拭干净无油迹，安装位置应准确；其搭接处的厚度应与其原厚度相同，压缩量不宜超过其厚度的1/3。

（3）变压器油必须经试验合格后，方可注入变压器中。注入变压器的油的温度应该等于或低于线圈的温度，以免绝缘受潮。

（4）220kV及以上的变压器应采用真空注油；110kV也宜采用真空注油。真空注油工作应避免在雨天进行，以防潮气侵入。

（5）储油柜要求充氮保护的应进行充氮，充入的氮气应干燥，纯度及压力应符合制造厂的规定。

（6）油浸式电力变压器的试验周期、项目和标准，按电业现行规定执行。

四、变压器试运行及验收

（一）变压器检修结束后，运行前的检查

（1）变压器本体、冷却装置及所有附件均无缺陷，且不渗油。

（2）轮子的制动装置应牢固。

（3）油漆完整，相色标志正确，接地可靠。

（4）变压器顶盖上无遗留杂物。

（5）事故排油设施完好，消防设施齐全。

（6）储油柜、冷却装置、净油器等系统上的阀门均应打开；阀门指示正确。

（7）高压套管的接地小套管应予接地，套管顶部结构的密封良好。

（8）储油柜和充油套管的油位应正常。

（9）电压切换装置的位置应符合要求；有载调压切换装置远方操作应动作可靠，指示位置正确。

（10）消弧线圈的分接头位置应符合整定要求。

（11）变压器的相位及接线组别应符合并列运行要求。

（12）温度计指示正确，整定值符合要求。

（13）冷却装置试运行正常，联动正确，水冷装置的油压应大于水压，强迫油循环的变压器应启动全部冷却装置，进行较长时间循环后，放完残留空气。

（14）保护装置整定值符合要求，操作及联动试验正确。

（二）变压器的启动试运行

变压器的启动试运行，应使变压器带一定负荷(可能的最大负荷)运行24h。

（三）变压器试运行时检查

（1）变压器并列前应先核对相位，相位应正确。

（2）变压器第一次投入时，可全电压冲击合闸，如有条件时应从零起升压；冲击合闸时，变压器应由高压侧投入。

（3）第一次受电后，持续时间应不少于10min，变压器应无异常情况。

（4）变压器应进行3次全电压冲击合闸，并应无异常情况；励磁涌流不应引起保护装置的误动。

（5）带电后，检查变压器及冷却装置所有焊缝和连接面，不应有漏油现象。

（四）变压器验收

（1）经试运行，变压器检修符合技术标准并满足油库用电需要。

（2）达到设备完好标准规定。

（3）检查安装技术记录、绝缘油化验报告、调整试验记录齐全。

（4）按规定办理验收手续。

五、变压器报废条件

凡符合下列条件之一者，予以报废。

（1）技术性能指标劣化，能耗大。

（2）关键部件的修理和更换不经济。

（3）铁芯严重受损必须更换。

（4）线圈绝缘老化程度达三级以上。

（5）高压线圈击穿短路或内层断路。

（6）遭受自然灾害后（如火灾、水灾、地震、雷击）损坏严重。

（7）淘汰型号。

第四节　常用电气设备的维护与检修

一、高低压配电柜

（一）高低压配电柜定期检查清扫

正常情况下，高低压配电装置只进行定期检查、清扫，对症修理而不进行大修。

（1）有人值班的配电室，各种配电装置正面的清扫，每日进行一次；无值班人员的配电室，每星期至少两次。

（2）配电盘后面的清扫，应视积灰情况每周至少吹灰一次，无人值班的配电室每月至少清扫一次。

（3）高低压配电装置不停电的外部检查，按下列期限进行：有值班人员的，每班至少两次；无值班人员的，每星期至少两次。

（二）配电装置不停电的外部检查内容

（1）检视绝缘子。

（2）母线及设备导电部分的接触点试温片或变色漆的变化情况。

（3）配电装置的刀闸、开关、熔断器及自动开关的情况。

（4）测量仪表和继电保护的运行情况。

（5）信号回路情况。

（6）门窗是否完整，有无漏缝。检查通风设备。房屋是否漏雨，电缆沟洞是否堵塞严密。

（7）安全用具和消防设施是否齐全完好。

（8）带油的设备是否有漏油现象。

（9）照明及接地装置情况。

（10）备用设备能否随时投入运行。

（三）年度停电检查检修的重点内容

高低压配电装置列入年度停电检修计划，其检查检修的重点内容如下。

（1）清扫配电设备及配电室，仔细检查所有的设备。

（2）检查母线及母线连接是否支撑牢固、接触点是否良好。

（3）检查更换损坏的绝缘子。

（4）处理隔离开关上被烧坏的接点，并涂以工业凡士林；三联隔离开关应同期合闸。

（5）检修油开关的消弧室、静触点、动触头、油箱本体、提升机构、缓冲器及操作机构。

（6）清扫互感器及接点。

（7）检查高、低压熔断器。

（8）检查接地线。

（9）检查清扫及校验继电保护与测量仪表。

（10）检查充油设备的油质、油位，并消除渗漏。

（四）高压配电柜检修质量标准

（1）柜内无灰尘，无杂物。

（2）盘、柜本体及盘、柜内设备各部件连接牢固，接触良好。

（3）柜内电器元件的检修按相应标准执行。

（4）电流试验柱及切换压板应接触良好。

（5）信号回路的信号灯、光字牌、电铃、事故电钟等应显示准确，工作可靠。

（6）手车、抽屉推拉应轻便灵活，无卡阻碰撞现象。

（7）动、静触头中，动线应一致，接触紧密良好；手车推入工作位置后，动触头顶部与静触头低部的间隙应符合产品技术要求。

（8）二次回路辅助开关的切换接点应动作准确，接触可靠。

（9）二次回路中的插头、插座应完好无损。

（10）防误闭锁装置应动作正确可靠。

（11）安全隔离板应开启灵活，随手车的进出而相应动作。

（12）手车、抽屉与柜体间的接地触头应接触紧密，当手车、抽屉推入柜内时，其接地触头比主触头先接触，拉出时则相反。

（13）盘、柜的接地应牢固良好，装有电器可开阔的门，应以软导线与接地的金属构架可靠的连接。

（14）柜内充油设备油位正常，油质良好。

（15）柜内照明装置完好适用。

（16）手车柜内烘干装置应动作准确、完好。

（17）端子板应无损坏，固定可靠，绝缘良好。

（18）盘、柜上的各电器、小母线、端子牌等应清晰标明其名称、编号、用途及操作位置。

（19）盘、柜油漆应完整良好。

（五）电气测量仪表和继电保护装置检查

电气测量仪表和继电保护装置每年应检查一次，检查内容如下。

（1）清扫仪表和继电保护装置内部的灰尘。

（2）仪表和继电器内部有无锈蚀，游丝是否平整，圆盘是否灵活，接点有无烧损。

（3）轴承应无磨损，有砂眼时应更换。轴头应光滑无偏斜。

（4）检验仪表误差。

（5）继电器整组试验。

（6）密封和铅封。

二、高压油开关（油断路器）

（一）高压油开关的故障及排除方法

高压油开关的故障及排除方法，见表2-18。

表2-18　高压油开关的故障及排除方法

故障	原因分析	排除方法
油断路器拒绝合闸	（1）操作机构本身故障	（1）检查机构本身原因并排除
	（2）操作电源未投入或电源电压不足	（2）检查操作电源的电压值是否符合规定，若不符合，先调到规定值再合闸
	（3）操作回路断线或熔断器熔断	（3）处理操作回路更换熔断器
	（4）机械部分有故障而使锁位机构未能将操动机构锁在合闸位置	（4）消除机械部分故障
	（5）操作电压过高，合闸时产生强烈冲击，也会产生不能锁住的现象	（5）调整电源电压
油断路器拒绝跳闸	（1）操作机构机械故障	（1）查明后消除机械故障
	（2）继电保护装置故障	（2）消除继电保护装置的故障
	（3）操作机构跳闸，线圈无电压或跳闸回路有断线、熔断器熔断，跳闸线圈烧坏	（3）根据熔断器或操作回路断线时的指示信号，查明原因后更换熔断器或修复断线

续表

故障	原因分析	排除方法
油断路器误跳闸	(1)由于油断路器挂钩磨损或位置松动	(1)检查机构、电气部分的故障，进行修复
	(2)操作回路导线绝缘损坏	(2)因误操作、允许按常规程序重新投入
	(3)误操作	(3)重新正确操作
油断路器缺油	漏油	(1)断开油开关的操作电源，在手动操作手柄上挂上"不准合闸"的警告牌；将该线路全部负载转移后，用隔离开关切断电源，再加油
		(2)如果故障油断路器所连接的负荷不能转移时，则要求调试员从电网中将不良油断路器所供负荷一律拉掉再加油
油断路器着火	(1)油断路器外部套管污秽或受潮而造成对地闪络或相间闪络	(1)使该油断路器的线路与电源脱离，拉开着火油断路器两侧的隔离开关
	(2)油不清洁或受潮而引起油开关内部闪络	(2)停电后用干式灭火器灭火，并换合格油
	(3)油断路器切断时动作缓慢或断流容量不足，切断强大电流时有电弧产生	(3)油断路器切断动作要迅速
	(4)油量太多，以致油面上缓冲空间不大	(4)放出多余的油

(二)高压油开关检修周期与要求

1. 常规性大修

新投入运行的高压油开关，一年后应进行一次大修，以后每隔三年大修一次。

2. 故障情况大修

当高压油开关本体发现下列情况之一时，应及时进行大修：

(1) 切断配电线路故障三次以上。

(2) 切断一次短路故障后发现喷油喷火或油质严重发黑。

(3) 绝缘件或油标管受损破裂。

(4) 三相全触头分、合闸不同步间隙(当一相动静触头接触瞬间，另两相动、静触头间的间隙)大于 2mm。

(5) 油开关内部发响、冒烟。

（6）触头因短路故障被崩烧。

（7）接地故障。

（8）严重过热。

（9）因本体故障引起掉相。

（10）因漏油严重导致看不到油位。

（11）其他内部附件缺陷需要更换。

（12）预防性试验不合格（预防性试验合格标准，见表2-19）。

表2-19 预防性试验合格标准

项目	合格标准		备注
测量绝缘杆的绝缘电阻	(1)6~10kV级≥300MΩ		交接和大修后： (1)6~10kV级≥1000MΩ； (2)35kV级≥2500MΩ
	(2)35kV级≥1000MΩ		
测量各相导电回路的接触电阻	(1)按制造厂规定		
	(2)本次测量值不得大于上次测量值的2倍		
	(3)无制造厂数据或历次测量值时，可参照表2-20数据校核		
交流耐压试验	(1)历时1min应无闪络、击穿		括号内数据为大修合格标准
	(2)试验电压： ①6kV级为28kV(32kV)； ②10kV级为38kV(42kV)； ③35kV级为85kV(95kV)		
绝缘油耐压试验	按规定执行		
测量断路器的合闸时间和固有分闸时间（速度特性试验）	型号	操作时间（s）	
		固有分闸	合闸
	SN6-10	0.6	0.23
	SN1-10 SN8-10 SN2-10	≤0.1	手动机构：0.23；配CD2机构≤2.5；配CT7机构≤1.5
	SN10-10	<0.05	<0.2
	SN3-10	<0.14	≤0.5
	DW2-35	≤0.05	≤0.43

备注栏对应"测量断路器的合闸时间和固有分闸时间（速度特性试验）"：(1)如有特殊要求则按产品要求；(2)预防性试验可不作，但交接或大修后必作

| 检查操作机构合闸电压 | 操作机构的最低动作电压(指电磁铁或接触器线圈端子上的电压)参照表2-21数据校核 | | |

续表

项目	合格标准	备注
测量分闸和合闸行程	(1)应符合制造厂规定	
	(2)对于 DW2-35 总行程为：270±10mm；压缩行程为：16±1mm	
	(3)对于 SN1、2-10 总行程为 250±5mm，接触行程不小于 30mm，备用行程为 25~30mm；触头上导电端子中部导向套管上的螺帽距离，不小于 25mm	
其他	(1)合闸时动触头插入固定接触头的深度应为 40±5mm，最小不得小于 30mm	活塞的行程为 24±1mm
	(2)消弧室距固定触头间距离：SN1-10 为 3±1mm；SN2-10 为 3±1mm	
	(3)绝缘筒上部平面比油箱上部平面低 3±1mm	
	(4)油缓冲器的油量，内部油面低于活塞上端面 5mm 左右	

表 2-20　无制造厂数据或历次测量值时，测量各相导电回路的接触电阻的参照标准

额定电压（kV）	额定电流（A）	接触电阻(μΩ)	
		新品或大修后	运行中
6	600	100~150	200
	1000	80~100	150
35	600	600~800	1000
	1000	250~300	4000

注：上述数值系指注油后测定标准，当油开关无油时，所测得的电阻值不应超过上述数值的 50%~70%。

表 2-21　操作机构的最低动作电压

部件名称	最低动作电压 U
分闸电磁铁	$30\%U_{额} \leqslant U \leqslant 65\%U_{额}$
合闸接触器	$30\%U_{额} \leqslant U \leqslant 80\%U_{额}$

（三）报废条件

当发现下列情况之一，可予报废。

（1）灭弧室、绝缘筒膨胀变形、烧焦或有严重裂纹。

（2）由于自然灾害致使本体严重受损。

（3）需同时更换零部件的价值超过购置费用的40%以上。

三、隔离开关

（一）隔离开关的故障原因和排除方法

隔离开关的故障和排除方法，见表2-22。

表2-22　隔离开关故障及排除方法

故障	原因分析	排除方法
接触部分过热、变色	（1）由于压紧弹簧松弛	（1）上紧螺栓，调整弹簧压力
	（2）接触部分表面氧化，过热作用使氧化更加严重，造成恶性循环	（2）清除氧化膜，修理接触面
	（3）合闸时不到位	（3）高速连杆，确保接触到位
绝缘子表面闪络和局部松动	（1）表面油污	（1）清洗绝缘子
	（2）胶化剂发生不应有的膨胀或收缩	（2）更换绝缘子
	（3）固定螺栓松动	（3）紧固螺丝
隔离开关拉不开	（1）传动机构和刀闸转动轴处生锈	（1）轻摇机构手柄，使其松动
	（2）接触处熔焊	（2）停电检修
刀片弯曲、松动、错位	因拉闸、合闸时，力的方向交替变化，静、动刀片闸摩擦力大小不一致造成	调整刀片接触点位置，各相静、动刀片中心线应重合，各相刀片合闸时受力应均匀
固定触头夹片松动	刀片与固定触头接触面小，电流通过接触面后又分散，使夹片产生斥力	研磨接触面，增大接触压力
隔离开关误操作	（1）误拉隔离开关	（1）发现误拉，在切断弧光前，可迅速将刀闸合上
		（2）无论任何情况即使是系统短路均不许误拉隔离开关
	（2）误合隔离开关	（1）停电时先停油开关再接隔离开关
		（2）送电时，先送隔离开关再送油开关

（二）隔离大修周期

（1）正常运行的开关每隔6年大修一次。

（2）当符合下列情况之一时，应及时进行大修：

① 绝缘件碎裂；

② 刀片短路崩烧；

③ 传动机构、操作机构失灵；

④ 耐压试验不合格。

（三）隔离开关的大修项目及质量标准

隔离开关的大修项目及质量标准，见表2-23。

表2-23 隔离开关的大修项目及质量标准

大修项目	质量标准		
检查瓷瓶及绝缘件	应洁净无污，无放电痕迹、裂纹及松动现象；基座无变形、腐蚀；紧固螺钉，连接销子垫圈应齐全紧固		
检查活动绝缘子及操作部分			
清除接触面的氧化层			
检查固定触头夹片与活动刀片的接触压力	每一条线上同时接触不少于3点；用0.05mm×10mm塞尺检查，其塞入深度不应大于6mm		
检查合闸位置	合闸时刀片应距触头刀口的底部3~5mm		
检查两接触面的中心线	应在同一中心线		
检查三相闭合的同期性	同时合闸误差不大于3mm		
检查机构的弹性变形及空行程	全部合闸时空行程不大于5mm，轴承不应活动		
检查操作机构，消除积垢并注油润滑	紧固件齐全，操动灵活可靠		
测定绝缘杆的绝缘电阻	参阅表2-19		
交流耐压试验	参阅表2-19		
测量接触电阻	额定电流（A）	接触电阻（μΩ）	
		新品或大修后	运行中
	600	150~175	200
	1000	100~120	150
	2000	4050	60

（四）报废条件

凡发现下列情况之一，应予以报废

（1）刀片蚀损严重，已无法修复。

（2）修理后仍不合格的。

四、互感器

（一）互感器检查与修理

正常运行的互感器应加强日常巡视和定期检查，发现问题随时进行修理或更换。当符合下列情况之一时，应及时进行修理。

（1）绝缘套管碎裂。

（2）线圈的绝缘电阻低于有关标准的规定。

（3）线圈的交流耐压不符合有关标准的规定。

（4）油浸式互感器的绝缘油性能劣化，油色发褐或交流耐压试验不合格。

（5）互感器二次回路发生故障。

（6）因互感器本体原因导致有关部位温升超过表2-24数值。

表 2-24　互感器各部位的温升限值

部　　位			温升限值(℃)	测量方法
线圈	油浸式		55	电阻法
	干式	A 级绝缘	55	
		B 级绝缘	70	
		C 级绝缘	80	
		D 级绝缘	100	
		E 级绝缘	125	
铁芯及其结构零件表面			不得超过所接触或所靠近的绝缘材料的允许温度	温度计法
油顶层			50	温度计法

（二）互感器的故障和排除方法

互感器的故障和排除方法，见表2-25。

表 2-25　互感器的故障及排除方法

故障	原因分析	排除方法
仪表指示不准或无指示	(1)仪表用互感器的二次回路发生故障	(1)查出故障原因，停电处理
	(2)仪表指针卡死	(2)更换仪表
	(3)电压互感器一、二次侧熔丝或限流电阻烧断或接线不良	(3)检查并处理
电压互感器上盖着火、流油	(1)外表灰尘、污垢	(1)停电清除
	(2)瓷套管有裂纹	(2)更换瓷套管
	(3)橡皮垫圈老化	(3)更换橡皮垫圈
电流互感器线路上出现火花或差动保护发出信号	(1)接线头接触不良	应停电修理
	(2)线路上有断头	

（三）互感器的修理项目及质量标准

互感器的修理项目及质量标准，见表2-26。

表 2-26　互感器的修理项目及质量标准

修理项目	质量标准
检查外壳本体	外壳清洁，油量、油色正常，不漏油
检查绝缘套管	清洁无污，不破裂、松动，不漏油
检修接线端子	无过热变色现象
检查阀门、油面计	不漏油，油位正常
测量绝缘电阻	接地可靠，无腐蚀、松动，电阻值≤10Ω。 (1)配线整洁，接头稳固。 (2)电压互感器二次回路熔丝完好。 (3)二次回路对地绝缘电阻值(用500V兆欧表检测)： ① 电压互感器回路对地：大于5MΩ； ② 电流互感器回路对地：大于3MΩ； ③ 上述各回路相互间：大于5MΩ

（四）报废条件

当发现下列情况之一时，可予报废。

(1) 匝间短路、线圈击穿或绝缘老化脆裂。

(2) 线圈烧毁。

(3) 铁芯片间绝缘损坏、导致铁芯过热。

五、电力电容器

（一）检查与维护

(1) 正常运行的电力电容器应坚持日常巡视且每年检测一次。

(2) 电力电容器的常见故障和排除方法，见表2-27。

表 2-27　电力电容器的常见故障和排除方法

故障	原因分析	排除方法
发热	(1)接头螺丝松动，接触不良产生拉弧	(1)加强检查并拧紧螺丝，保证良好接触
	(2)频繁启闭、反复承受浪涌电流作用	(2)静电电容器一投入运行，不应频繁启闭，除非线路退出运行时，才切断静电电容器
	(3)长期过电压运行，造成过载	(3)调用电压较高的电容器
	(4)环境温度超过一定值，通风不良	(4)贴示温片，以便早察觉温升异常(一般贴80℃示温片)；保证良好的通风，增加降温设备，保证室温不超过40℃

故障	原因分析	排除方法
渗油	(1)保养不善，外壳涂漆脱落，有锈蚀点	(1)清除锈蚀，修补汛点，重涂新漆
	(2)瓷套与外壳交接处碰伤或在施紧接头螺丝时用力太猛扭伤，造成裂纹	(2)裂纹微微渗油时，可在渗油裂纹处用肥皂嵌入，以利暂用；如裂缝已发现漏油，则应更换瓷套管或调换电容器
鼓肚	(1)由于漏油，空气侵入使内部介质膨胀	应立即停止使用，及时更换合格的电容器
	(2)本身质量差，制造中真空未处理好，未能除尽内部气体，以致当电压升高时，产生内部放电，引起绝缘材料分解并产生气体，使密封的电容器油箱压力增大，造成鼓肚	
	(3)电容器运行时温升过高或电压波形不正常时，也容易引起鼓肚现象	
	(4)使用期已到	
短路击穿	(1)本身质量差	(1)调换新电容器
	(2)小动物(如老鼠等)钻入接头间(因接头间距仅200mm左右)，造成短路击穿	(2)接头周围加装防护罩
	(3)瓷瓶表面上积灰太多，产生相间拉弧或对地拉弧短路击穿	(3)清理积灰，保证电容器表面清洁
	(4)长期超电压运行，造成过载，引起发热，使电力电容绝缘老化击穿	(4)限制超压运行，一般不允许超过额定电压的5%(超电压运行时间短时可允许不超过10%)

（二）报废条件

当符合下列条件之一时，可予报废。

（1）油量调节装置漏油。

（2）瓷套损缺裂纹。

（3）电容值误差超过额定值的±10%。

（4）单台电容器端子对外壳之间的绝缘电阻小于1000MΩ：

① 应清扫绝缘子后再测定；

② 应在干燥天气测定；

③ 一侧端子接外壳的可不测。

（5）交流耐压试验不不同额定电压的电力电容器在表 2-28 所示的试验电压下，通电时间 1min，不击穿为合格(一侧端子接外壳的可不测)。

表 2-28　电力电容器交流耐压试验电压要求

额定电压(kV)	0.5	2	3	5	10
试验电压(kV)	2.1	8	14	19	24

（6）运行中发现因内部故障引起的异常。

六、低压电器

（一）一般规定

1. 检查维护和对症检修

各类低压电器只进行巡视检查维护和对症检修。

2. 报废条件

（1）在同一次中检修中，需同时更换三种以上主要零部件。

（2）热继电器外壳碎裂或热元件失效。

（3）熔断器的本体受损，有碎裂现象。

（4）继电器的技术参数不合格。

（5）电气仪表的关键部件损坏。

（6）减压启动器的自耦变压器烧损。

（7）万能转换开关的凸轮机构损坏。

注：低压电器的主要零部件包括外壳、基座、底板、铁芯、线圈、弹簧、触头、灭弧装置、过载或短路保护装置、失压保护装置、延时装置和操作机构等。

（二）常用低压电器的维护

1. 自动开关的常见故障及排除方法

自动开关的常见故障及排除方法，见表 2-29。

表 2-29　自动开关的常见故障及排除方法

故障	原因分析	排除方法
手动操作自动开关时，触头不能闭合	(1)失压脱扣器无电压或线圈烧毁	(1)检查线路，使开关工作时失压脱扣器有电压或更换线圈
	(2)贮能弹簧变形，导致闭合力减小	(2)更换贮能弹簧
	(3)反作用弹簧力过大	(3)重新调整
	(4)脱扣机构不能复位再扣	(4)调整再扣接触面至规定值

续表

故障	原因分析	排除方法
电动操作自动开关时，触头不能闭合	(1)操作电源电压不符	(1)更换电源电压
	(2)电源容量不够	(2)增大操作电源容量
	(3)电磁铁的拉杆行程不够	(3)重新调整或更换拉杆
	(4)电动机工作时定位开关失灵	(4)重新调整
	(5)控制器中整流管或电容器损坏	(5)更换整流管或电容器
有一相触头不能闭合	(1)一般是自动开关的一相连杆断裂	(1)更换该相连杆
	(2)限流开关的可拆连杆之间的角度变大	(2)调整至原技术条件规定要求，一般为170°
分励脱扣器不能使自动开关分断	(1)线圈短路	(1)更换线圈
	(2)电源电压太低	(2)调整贮能弹簧
	(3)脱扣器整定值过大	(3)重新调整
	(4)螺丝松动	(4)拧紧螺丝
失压脱扣器不能使自动开关分断	(1)反力弹簧力变小	(1)调整反力弹簧
	(2)贮能弹簧力变小	(2)调整贮能弹簧
	(3)机构卡死	(3)消除卡死部位的故障
	(4)失压脱扣器中的传动杠杆上的螺帽位置上移，传动杠杆的搭钩脱不开	(4)调整高速杠杆上螺帽位置并将其拧紧
启动电动机使自动开关立即分断	过电流脱扣器瞬时整定电流太小	(1)调整过电流脱扣器瞬时整定弹簧
		(2)如为空气脱扣器，则可能阀门失灵或橡皮膜破裂，查明后更换
自动开关闭合后一定时间自行分断	(1)过流脱扣器长延时整定值不对	(1)重新调整整定值
	(2)热元件或半导体延时电路元件变质	(2)更换热元件或半导体元件
失压脱扣器有噪声	(1)铁芯工作面有油污	(1)清除油污
	(2)反力弹簧力太大	(2)重新调整弹簧力
	(3)短路环断裂	(3)更换铁芯或修理短路环
自动开关温升过高	(1)触头表面过度磨损或接触不良	(1)更换触头或清理接触面
	(2)触头压力过低	(2)调整弹簧压力或更换弹簧
	(3)导电零件间的连接螺丝松动	(3)拧紧螺栓

续表

故障	原因分析	排除方法
辅助触头发生故障	(1)辅助开关的动触头卡死或脱落	(1)拨正或重新装好触头
	(2)辅助开关传动杆断裂或滚轮脱落	(2)更换传动杆和滚轮或更换辅助开关
	(3)辅助触头上弹簧失效	(3)更换弹簧
	(4)辅助触头触点等熔焊	(4)修理触头
半导体过流脱扣器误动作使自动开关断开	(1)半导体脱扣器元件故障	(1)检查脱扣器及元件
	(2)外界电磁干扰	(2)予以隔离或更换线路

2. 手控电器常见故障与排除方法

手控电器常见故障与排除方法，见表2-30。

表2-30　手控电器的故障与排除方法

故障	原因分析	排除方法
按钮按不下去或按下弹不起	(1)机械部分卡阻或有异物	(1)清除异物，检修机械部分
	(2)弹簧失效	(2)更换弹簧
按钮接不通操作电路	(1)桥形触点松脱或倾斜	(1)安装好桥形触点
	(2)操作电压不足	(2)检查操作电压
	(3)线路断路	(3)重新接线
触点过热或烧毁	(1)线路电流过大	(1)改用较大容量电器
	(2)触点压力不足	(2)调整触点压力
	(3)触点表面有污垢	(3)清除污垢
	(4)触点超行程过大	(4)更换电器或调节起行程大小
开关把手转动不灵敏	(1)定位机构损坏	(1)修理或更换
	(2)静触点的固定螺丝松脱	(2)上紧固定螺丝
	(3)电器内部有异物卡阻	(3)清除异物

3. 接触器、电磁式继电器、磁力启动器常见故障与排除方法

接触器、电磁式继电器、磁力启动器常见故障与排除方法，见表2-31。

表 2-31　接触器、电磁式继电器、磁力启动器故障与排除方法

故障	原因分析	排除方法
触点过热或灼伤	(1)触点弹簧压力不足	(1)更换触点弹簧或调整其压力
	(2)触点表面氧化或有杂质、油污	(2)细挫打光触点表面，清除杂质
	(3)触点容量不够	(3)更换较大容量的电器
	(4)触点超行程不足	(4)调整运动系统或更换触头
	(5)固定螺丝松动	(5)紧固所有松动螺丝
	(6)触头开断次数过多；工作电流过大，触头的断开容量不够	(6)调换合适、大容量的触头
	(7)操作线圈电压低	(7)调整电压
	(8)触头在合闸过程中产生跳跃	(8)检查触点初压力应符合标准
	(9)环境温度过高	(9)改善散热条件
触点磨损	(1)触头容量太小或动静触头长期过载	(1)更换大容量的触头或控制负载大小
	(2)合闸瞬间电流大或灭弧系统损坏，电弧温度高	(2)调换灭弧罩，完善灭弧系统
	(3)操作电压不足，使合闸时产生跳跃	(3)调高操作电压
	(4)启动频繁	(4)选用适合的接触器
	(5)触头压力过小	(5)调整触头的压力
触点熔焊在一起	(1)触点过热	(1)分析过热原因并处理
	(2)触点断开容量不够	(2)更换较大容量的电器
	(3)触点开断过于频繁	(3)更换触点
	(4)线圈电压过低，触头引起振动	(4)调高电压
	(5)短路故障	(5)消除短路故障
触头相间短路	(1)主触头间尘污堆积，有油垢、水汽	(1)清除短路故障 (2)清理，保持清洁
	(2)联锁触头失灵或动作过快	(3)改接按钮、接触器双重联锁正反转控线路，或调换动作时间长的接触器
触头断相运行	(1)某相触头接触不良或有油污、杂物	(1)排除接触不良故障，消除油垢、杂物
	(2)某相触头脱落、弹簧卡阻或螺丝松脱	(2)检修或更换触头弹簧，拧紧螺丝

续表

故障	原因分析	排除方法
线圈过热或烧损	(1)电压过高或过低	(1)检查电压并调整
	(2)线圈匝间短路	(2)更换线圈
	(3)弹簧反作用力过大造成不能吸合	(3)调整弹簧压力
	(4)衔铁机构不正，有卡阻现象	(4)调整衔铁与铁芯的位置
	(5)衔铁与铁芯间有杂质，引起电流增大	(5)消除杂质
	(6)衔铁吸力小	(6)检查操作电路，并判断有无机械卡阻
	(7)操作频率过高(交流)	(7)适当延长操作间隔时间，调用合适接触器
	(8)线圈过热致绝缘老化	(8)更换线圈
	(9)空气潮湿或腐蚀	(9)改用特种绝缘的线圈和采用防潮、防位的措施
	(10)线圈通电持续率与工作情况不符	(10)更换线圈
	(11)机械探伤	(11)更换线圈，加固
电器有噪声	(1)弹簧的反作用力过大	(1)调整弹簧压力
	(2)铁芯极面生锈或有污垢、尘埃	(2)清除锈蚀、污垢
	(3)铁芯极面磨损过度	(3)修整极面
	(4)磁路歪斜	(4)调整机械部分
	(5)短路环断裂(交流)	(5)重焊或更换短路环
	(6)衔铁与机械部分间的连接销松脱	(6)装好连接销
	(7)衔铁与铁芯间机械卡阻	(7)排除机械卡阻
	(8)电源电压过低	(8)调高电源电压
衔铁吸不上，也没有振动和噪声	(1)线圈断线或烧毁	(1)调换线圈
	(2)线路故障，电源中断	(2)检修线路
衔铁吸不上，且有振动和噪声	(1)电源电压低或线圈额定电压与电源电压不符	(1)检查线圈额定电压，应与供电电压相符
	(2)机械部分转轴生锈或歪斜	(2)去锈，上润滑油，调整位置
	(3)铁芯被机械卡阻或黏住	(3)消除阻碍物
接触器、继电器动作缓慢	(1)铁芯极面的间隙过大	(1)调整极面的间隙
	(2)电器底板上下倾斜	(2)把电器装正，装直
	(3)活动部分被黏住或阻碍	(3)消除障碍物
	(4)继电器调整动作时间过长	(4)调整继电器的动作时间

故障	原因分析	排除方法
断电时衔铁落不下来	(1)触头弹簧压力过小	(1)调整触头弹簧压力
	(2)电器的底板向上倾斜	(2)装正电器底板
	(3)衔铁或机械部分被卡死	(3)消除障碍物或检修
	(4)触点熔焊在一起	(4)更换触头并查明原因
	(5)剩磁过大	(5)更换铁心或退磁
	(6)铁芯极面有油污或尘埃黏着	(6)清理油污、尘埃
	(7)E形铁芯间隙消失,剩磁增大	(7)更换铁芯
	(8)非磁性衬垫片磨损或太薄(直流)	(8)更换或加厚垫片
灭弧罩灭弧不力	灭弧罩受雨淋或空气湿度大受潮,绝缘能力降低	立即烘干
灭弧罩碳化	(1)断开故障的大电流之后	将火弧罩的碳质刮掉挫平,保持原光黏度,检修后将罩吹刷干净,不可留下杂质、污垢
	(2)频繁操作	
	(3)在高温作用下形成碳质	
磁吹线圈匝间短路	受冲击或碰撞,造成匝间短路	检修、调整磁吹线圈,消除短路现象
机械或塑料件损坏	(1)外力造成	(1)黏结破损部位,消除外力
	(2)受热碳化	(2)紧固各接线头,减少发热

4. 热继电器的常见故障与排除方法

热继电器的常见故障与排除方法,见表2-32。

5. 时间继电器的常见故障与排除方法

时间继电器的常见故障与排除方法,见表2-33。

6. 速度继电器常见故障与排除方法

速度继电器常见故障与排除方法,见表2-34。

7. 自耦减压启动器常见故障与排除方法

自耦减压启动器常见故障与排除方法,见表2-35。

8. 启动变阻器的常见故障和排除方法

启动变阻器的常见故障和排除方法,见表2-36。

9. 电磁铁的常见故障和排除方法

电磁铁的常见故障和排除方法,见表2-37。

表 2-32　热继电器的常见故障与排除方法

故　障	原 因 分 析	排 除 方 法
热元件烧断	(1) 负载侧短路，电流过大	(1) 检查电路，排除短路故障，调换热继电器
	(2) 反复短时工作，操作频率过高	(2) 合理选用热继电器
热继电器误动作	(1) 操作频率太高	(1) 合理选用热继电器
	(2) 电动机启动时间过长	(2) 选择合适的热继电器或启动时将热继电器短路
	(3) 整定电流偏大	(3) 调整整定电流值
	(4) 强烈的冲击和振动	(4) 选用带有防冲装置的热继电器
	(5) 连接导线太细	(5) 按规定选用导线
	(6) 热继电器不清洁	(6) 清除灰尘
	(7) 安装的地方，方向不对	(7) 按规定安装
电气设备经常烧毁，而热继电器不动作	(1) 热元件烧断或脱焊	(1) 更换热元件或热继电器
	(2) 整定电流偏大	(2) 调整整定电流值
	(3) 热继电器通过短路电流后产生永久性变形	(3) 更换双金属元件
	(4) 热继电器的调整部位损坏	(4) 修理损坏元件
	(5) 导板脱出	(5) 将导板重新放入，推动几次，动作应灵活
热继电器接入后，主电路不通或控制电路不通	(1) 手动复位的热继电器动作后，未手动复位	(1) 手动复位
	(2) 自动复位的热继电器调节螺钉未调到自动复位位置	(2) 将调节螺钉调到自动复位位置
	(3) 触头烧毛或动触头弹性消失，动静触头不能接触	(3) 修理触头或更换弹簧
	(4) 热元件烧毁	(4) 更换热元件
	(5) 接线接触不良	(5) 检修各接线点，保证良好接触
热继电器动作不稳定，时快、时慢	(1) 热继电器内部零件有松动	(1) 拧紧内部零件
	(2) 在装配中弯折了双金属片	(2) 热处理去掉内应力
	(3) 通电时电流波动比较大	(3) 重新校验
热继电器无法调整或调整不到要求值受	(1) 发热元件的发热量太小或装错了热元件号	(1) 更换电阻值比较大的热元件
	(2) 双金属片的安装方向反了或双金属片用错，敏感系数太小	(2) 更换双金属片
	(3) 热元件的发热量太大或装错了热继电器	(3) 更换电阻值较小的热元件

表 2-33　时间继电器的常见故障及排除方法

故　　障	原 因 分 析	排 除 方 法
延时触头不动作	（1）电磁铁线圈断线	（1）更换线圈
	（2）线圈额定电压高于电源电压很多	（2）更换线圈或调高电源电压
	（3）电动式时间继电器的同步电动机断线	（3）调换继电器或调换同步电动机
	（4）电动式时间继电器的棘爪无弹性，不能利住棘齿	（4）调换棘爪或调换继电器
	（5）电动式时间继电器游丝断裂	（5）调换游丝
延时时间缩短	（1）空气阻尼式时间断电器的气室装配不严，漏气	（1）调换气室或调换继电器
	（2）空气阻尼式时间继电器的气室内橡皮膜损坏	（2）调换橡皮膜
	（3）电磁式时间继电器非磁性，垫片磨损	（3）调换非磁性垫片
延时时间变长	（1）空气阻尼式时间继电器的气室内有灰尘，使气道阻塞；	（1）消除气室内灰尘，使气道畅通；
	（2）电动式时间继电器的传动机构缺润滑油	（2）加入适量的润滑油

表 2-34　速度继电器常见故障与排除方法

故　　障	原 因 分 析	排 除 方 法
电动机反接制动时，反向控制电路不通，不能制动	（1）速度继电器胶木摆杆断裂	（1）调换胶木摆杆或调换速度继电器
	（2）速度继电器常开触头接触不良	（2）消除触头油污或调换触头
电动机制动不正常	速度继电器的调整螺钉调整不当	重新调节调整螺钉，向上调，弹簧力减少，有较小的力常开触头就闭合；向下调，弹簧力增大，要较大的力常开触头才会闭合

表 2-35　自耦减压启动器常见故障与排除方法

故　　障	原 因 分 析	排 除 方 法
启动器能合上，但电动机不能启动（电动机本身无故障）	（1）启动电压太低，转矩不够	（1）测量电路电压，将启动器抽头提高一级
	（2）熔丝熔断	（2）检查熔丝，予以更换
	（3）启动器与电动机不匹配	（3）重选

续表

故　障	原　因　分　析	排　除　方　法
电动机启动太快，以至启动电流量过大	（1）自耦变压器抽头电压太高	（1）调整抽头，检查自耦变压器中的短路线圈，更换或重绕线圈
	（2）自耦变压器有一个或几个线圈短路	（2）核对接线圈，检查电动机和启动器之间的接线
启动器扳到运行位置，电动机两相运行（电动机本身无故障）	（1）其中一相的熔体熔断或连接接触不良	（1）更换熔体或处理导线接头
	（2）运行中一相触头接地接触不良	（2）检修或更换故障触头
自耦变压器有"嗡嗡"声	（1）变压器的硅钢片未夹紧	（1）夹紧变压器的硅钢片
	（2）变压器中有线圈接地	（2）查出接地的线圈，拆开重绕或在破损处加补绝缘
启动器油箱里有特殊的"吱吱"声	（1）因接触不良，触点上跳火花	（1）用挫刀整修或更换紫铜触点
	（2）油面太低，浸不到触头	（2）保证油面高度应符合要求
油箱发热	油里渗有水分	更换绝缘油
箱内发生爆炸声，同时箱里冒烟（这时有的熔丝可能熔断）	（1）触点火花	（1）整修或更换触点
	（2）开关的机械部分与导体间的绝缘损坏或接触器接地	（2）查出接地点，予以消除
欠压脱扣机构停止工作	欠压线圈烧毁或者未接牢	检查接线是否良好正确，继电器触点是否熔焊，线圈若烧毁应更换
电动机没过载，但启动器的握柄却不能在运行位置上停留	（1）过流继电器的整定值太低	（1）调整继电器整定电流
	（2）欠压继电器吸不上或过载	（2）检查欠压继电器接线应良好，无卡阻现象，检修过载继电器触点
	（3）继电器的触点接触不良	（3）检修机构部分
联锁机构失灵	锁片锈牢或磨损	用挫刀整修或局部更换

表2-36　启动变阻器的常见故障和排除方法

故　障	原　因　分　析	排　除　方　法
过热	（1）通风不良	（1）改善通风条件
	（2）绕线式电动机启动时间过长或电动机启动后立即短接	（2）检查启动时间是否过长，启动变阻器在电动机正常运行中应切除

续表

故　障	原 因 分 析	排 除 方 法
控制手柄移动时，电动机转速不变或控制手柄移动几档后，电动机转速突然升高	（1）变阻器动静触点接触不良	（1）调整动、静触头之间的距离，使之有适当的压力
	（2）变阻器电阻片损坏	（2）更换电阻片
	（3）变阻器或电动机至变阻器的连接线松脱	（3）重新接好线
	（4）接线错误	（4）纠正接线的错误
控制手柄未放在启动位置上，电动机大启动电流启动	控制手柄放在启动位置，这时部分切除甚至全部切除了启动电阻，故而电动机启动电流大	在控制线路中加一限位开关，可防止错位扇动

表 2-37　电磁铁的常见故障与排除方法

故　障	原 因 分 析	排 除 方 法
线圈过热或烧毁	（1）电磁铁的牵引超载	（1）调整弹簧压力或调整重锤位置
	（2）在工作位置上电磁铁极面之间有间隙	（2）调整机械装置，消除间隙
	（3）制动器的工作方式与线圈的特性不符合	（3）改用符合使用情况的电磁铁和线圈
	（4）线圈的额定电压与电路电压不符合	（4）更换线圈（如为三相电磁铁，可改△连接为 Y 连接）
	（5）线圈的匝数不够或有匝间短路	（5）增加匝数或更换线圈
	（6）三相电磁铁线圈连接极性不对	（6）校正极性连接
	（7）操作频率高于电磁铁的额定操作频率	（7）更换电磁铁或线圈
	（8）三相电磁铁一相线圈烧环	（8）重绕线圈
制动器通电后吸不上或吸合困难	（1）制动器电磁铁衔铁与铁芯极面间距离超过允许值	（1）调整铁芯极面间距离
	（2）电压偏低，弹簧反力大于吸力	（2）调整电压及弹簧反力系统
有较大的响声	（1）电磁铁过载	（1）调整弹簧压力与重锤位
	（2）极面有污垢，生锈	（2）去掉污垢、锈斑
	（3）衔铁吸合时未与铁芯对正	（3）调整工作位置
	（4）极面磨损不平	（4）修正极面
	（5）短路铜环断裂（单相）	（5）焊接或更换短路环
	（6）衔铁与机械部分连接销松脱	（6）装好连接销
	（7）三相电磁铁的某一相线圈烧毁	（7）更换线图

续表

故　　障	原 因 分 析	排 除 方 法
有较大的响声	（8）线圈电压低	（8）提高电压
	（9）三相电压铁的线圈极性接法不对	（9）校正极性连接
	（10）弹簧反力大于电磁铁平均吸力	（10）调整反力弹簧
机械磨损或断裂	电路电压过高，冲击力过大，衔铁振动，润滑不良，工作过于繁重	重换配件并找出原因，针对性解决

七、防爆电器

（一）检巡查周期与内容

防爆电器检（巡）查周期与主要内容，见表2-38。

表2-38　防爆电器检（巡）查周期与主要内容

检（巡）查周期	检查主要内容
日常检（巡）查	（1）外壳表面是否清洁及有无裂纹变形。 （2）区域的通风情况；监测外壳的表面温度和轴承部位的温变。 （3）仔细倾听运行声响是否正常。 （4）紧固件是否齐全牢固；接零、接地是否良好。 （5）电气设备进线装置的密封是否良好。 （6）充油型设备的油位和油色是否正常。 （7）正压型设备的压力是否正常。 （8）本安型设备及本安关联设备的工作状态是否正常。 （9）防爆电器及灯具是否完好
每年检查	（1）检查外壳表面有无裂纹、变形；紧固件是否齐全、紧固。 （2）检查进线装置的密封是否良好；各种联锁、检测、信号、保护装置是否完整、正确、可靠。 （3）检查防爆开关、防爆插销和防爆照明灯具的结构及护罩是否完整无损；接零和重复接地装置是否完好。 （4）清扫设备内外的尘垢，进行防锈处理。 （5）检查接地装置的可靠性及电缆、接线盒等的使用情况。 （6）检查设备和电气线路的绝缘情况。 （7）检查电气设备及其附属装置是否符合防爆安全要求（如结合面、间隙、振动情况等）。 （8）检查电气内部动作机件触头、弹簧、转动点等的磨损情况和腐蚀情况。 （9）检查电气联结点接触是否紧密、牢固、可靠及是否锈蚀。 （10）检查轴承的温升和磨损情况

检（巡）查周期	检查主要内容
每年检查	（11）检查轴承的润滑脂。如需更换，则必须将原有的润滑彻底洗净，然后重新添加合适牌号及数量的润滑脂。 （12）检查并处理运行记录上提出的其他问题。 （13）防爆电气设备故障停电后，必须查明原因，消除故障后方可送电试车，禁止强行试送电

（二）修理周期及内容

1. 小修

防爆电器在检查时发现问题，即应进行针对性小修理。一般的小修理项目包括轴承换油、抽芯清灰、测量结合面间隙、涂油防锈、更换易损件或绝缘油、修理或调整操作机构、闭锁装置和紧固件测试绝缘电阻和检修内部电器元件等。修复后应填写检修记录并交主管存档。

2. 大修

正常情况下，防爆电气设备每隔两年大修一次。

3. 当符合下列情况之一时，应立即进行大修或更换

（1）铸件或外壳有裂纹。

（2）隔爆结合面锈蚀或碰伤。

（3）绝缘电阻在 5MΩ 以下。

（4）耐压试验不合格（绕组匝间、对机壳的试验电压，应在国家标准规定的基础上再提高 10%）。

（5）观察用透明罩碎裂、缺损。

（6）防爆充油型设备的油面温度超过环境温度 10℃。

（7）防爆充油型设备渗、漏油致可能产生火花、电弧或危险温度的零部件至最低油面（冷态）的距离小于 10mm 或低于产品说明书规定的数值。

（8）本质安全型设备的任一零部件丧失本质安全性能。

（9）增强安全型电动机的堵转时间小于 5s。

（三）检修技术及质量标准

1. 解体与检查

（1）开盖前应先停电。

（2）对防爆设备解体并彻底清扫。

（3）按检修项目进行全面检查，并作好检修记录。

2. 检修与测试

（1）检查调整操作机构动作是否灵活，有无卡阻现象，若因缺油、锈蚀而卡

阻，应除锈、加油，损坏零部件应予更换。

（2）电器元件的检修参照有关电器元件检修标准。

（3）隔爆面上出现的砂眼及机械损伤应符合表 2-39 与表 2-40 的规定，如果大于规定应用焊料补焊后再细挫挫平。

表 2-39　防爆面上砂眼限值

隔爆面长度 L（mm）	局部出现砂眼		
	直径（mm）	深度（mm）	个
10			不超过 2
15	<1	≤2	
25			不超过 3
40			

表 2-40　隔焊面上机械损伤限值

隔爆面长度 L（mm）	机械伤痕的深度与宽度（mm）	无伤隔爆面的有效长度 L'（mm）	
		有螺孔的隔爆面	有螺孔的隔爆面
10			$L'>2/3×10$
15	<0.5	$L'>2/3L$	$L'>2/3×15$
25			$L'>2/3×25$
40			$L'>2/3×40$

注：（1）伤痕两侧高于无伤表面的凸起部分必须磨平。

（2）L 为有螺孔隔爆面、螺孔边缘至隔爆面的内边缘的最短有效长度。

（3）无伤隔爆面的有效长度 L'，应以几段无伤痕部分的有效长度相加计算。

（4）检查静止隔爆器结合面、操纵杆与杆孔隔爆结合面的最大间隙 W，应符合表 2-41 规定。

表 2-41　隔爆结合面的最大间隙

外壳净容积 V（L）	隔爆面长度 L（mm）	隔爆结合面最大间隙 W（mm）		
		级别		
		ⅡA	ⅡB	ⅡC
$V≤0.02$	5	0.2	0.15	
$0.02<V≤0.05$	10	0.2	0.15	采用确定的最大不传爆间隙的 50%
$V≥0.05$	15	0.25	0.15	
	25	0.30	0.20	
	40	0.40	0.26	

（5）防爆外壳若因外力而出现裂纹应采用电焊补焊后进行水压试验，其试验压力应符合表2-42规定。

表2-42 防爆外壳补焊后水压试验压力

外壳净容积 V （L）	$V \leqslant 0.5$	$0.5 < V \leqslant 2$	$V > 2$
试验压力（工厂用）（MPa）	0.6	0.8	1.0

（6）防爆电器外壳的接地启零装置应可靠。

（7）螺纹防爆结合面不少于6扣。

（8）防爆结合面应涂油防锈。

（9）防爆插销在断电瞬间，外壳防爆结合面最大直径差 W 和最小有效长度应符合表2-43规定。

表2-43 防爆插销断电瞬间外壳结合面最大直径差和最小有效长度

外壳净容积 V （L）	L （mm）	W （mm）		
		级别		
		ⅡA	ⅡB	ⅡC
$\leqslant 0.5$	15	0.3	0.2	采用确定的最大不传爆间隙的50%
> 0.5	25	0.4	0.3	

（10）检查插销，防止插头骤然拔脱的振动装置应可靠。

（11）检查插销插头，插头插入后开关才能关合，开关在分断位置插头才能插入或拔脱的闭锁机构应可靠。

（12）必须保证插销在插头插入时接地。

（13）绝缘测试：用500V兆欧表测量电器带电部分与金属外壳绝缘电阻值不低于1MΩ。

（14）通电试验

① 断开所有负荷电缆，接通电源。

② 盖好各隔爆腔盖板，拧紧螺丝及各进出口密封圈。

③ 检查仪表及指示灯无误，试验操作动作灵活无卡阻现象，安全联锁可靠。

（四）修理的技术规定

（1）防爆电气设备维修时，应按《爆炸性环境用防爆电气设备》等规定进行。不得对外壳结构、材质以及主要零部件使用材料及尺寸进行修改变动。

（2）防爆电气设备的维修，必须由有防爆电气修理能力的、受过专门训练的电工或检修人员承担。

（3）在爆炸危险区域内，不得带电进行维修作业。停电检修时应悬挂警告牌，防止合闸送电。在爆炸危险区域内维修时，禁止使用能产生撞击火花的工具，避免铁器碰撞产生火花。

（4）不准带电检查防爆电气设备的内部元件或带电离合防爆插销；不准带电连接导线或连接接线端子，以防触电或产生火花。

（5）在爆炸危险区域内检修，如不能保证油气浓度低于该油品爆炸下限的20%时，所使用的测量仪器、仪表，必须是防爆的，并且选型应符合使用场所的防爆要求。

（6）拆卸、组装隔爆型设备时，应注意以下几点：

① 妥善保护隔爆面，不得损伤。拆卸下的零件依次放在承放零件的木板上；

② 拆卸埋头螺丝时，必须用专用工具；

③ 无论是拆卸或装配，敲打时要用木锤或铜锤，不得使用铁锤；

④ 防爆结合面上连接用的螺栓不得任意更换，弹簧垫圈应齐全；

⑤ 隔爆面上不得有锈蚀层和麻面现象，如有轻微锈蚀时，需加以清洗，并涂以防锈油。如锈蚀超过规定应进行修补；

⑥ 装配完毕后应测量调整隔爆间隙值，使其符合规定。

（7）检查维修本安型设备与本安关联设备时应注意：

① 可对本安型设备带电开盖进行内部检查，并可带电进行零点、间距、幅度的调整和整定或更换插件，但对本安关联电路的维修，则应切断与爆炸区域相连的配线后方可进行；

② 维修时不得对电路或电路的组成进行变更和改造；

③ 本安型设备更换电池时，应在非危险区域进行；

④ 如在 0 区内带电维修设备，检修本安设备时其维修设备必须为本安型，并互不影响其本安性能。

（五）降级与报废

（1）防爆电气设备的降级报废原则。因外力损伤、腐蚀、磨损、自然老化等导致防爆性能失效或下降时，首先应考虑修复；当技术上已不能恢复其原有防爆性能，或虽说可修复但从经济方面比较，认为效益不大时，可根据实际情况按以下步骤处理：

① 降低防爆等级使用；

② 降为非防爆设备使用；

③ 报废。

（2）对灯具、按钮、小型开关、熔断器、插销、信号灯等小型、低值设备或附件，按产品使用寿命，到期予以报废，或发现主要结构件受损即予报废。

（3）发现下列情况之一时，应予报废：

① 防爆电动机的线圈烧毁，需彻底重换；

② 防爆电动机的转轴变形引起电动机转子扫膛；

③ 防爆外壳破裂或受损程度严重、不允许再焊补；

④ 防爆电动机的铁芯受损，须重换；

⑤ 由于腐蚀和修磨，致使具有防爆结合面的部件，其结合面厚度减少15%时，应将此防爆部件报废；如该防爆部件是设备的主体，则应将此设备报废。

（4）批准降级、报废后的处理：

① 已批准降级使用的电气设备，必须更换为与之相适应的标志和铭牌，同时应将批准文件、测试记录等资料存入设备档案；

② 已批准报废的电气设备应及时更换，不准再继续使用和转让，并应将有关文件资料存入设备档案。

第五节　电气线路敷设、维护与检修

一、爆炸危险场所电气线路的敷设

在爆炸危险场所，电气线路的位置、敷设方式、导体材质、绝缘保护方式、连接方式的选择应根据危险场所等级进行。

（一）电气线路敷设的位置和方式

电气线路敷设的位置和方式，见表2-44。

表2-44　电气线路敷设的位置和方式

项　　目	敷设要求
线路敷设的位置	（1）电气线路的位置应考虑在爆炸危险性较小的区域或远离油蒸气释放源的地方敷设线路。 （2）因油蒸气的密度比空气大，电气线路应在较高处敷设或直接埋地。 （3）电气线路应避开可能受到机械损伤、振动、腐蚀、紫外线照射及可能受热的地方，不能避开时，应采取预防措施。 （4）架空线路不得跨越爆炸性气体场所。 （5）架空电力线路与爆炸性气体环境的水平距离不应小于杆塔高度的1.5倍。在特殊情况下，采取有效措施后，可适当减少距离

项　　目		敷 设 要 求
敷设方式	钢管配线	(1) 爆炸危险场所电气线路主要由钢管配线。钢管配线工程必须明敷，应使用低压流体输送用镀锌焊接钢管。 (2) 钢管配线工程，两段钢管之间，钢管及其附件之间，钢管与电气设备引入装置之间的连接，应采用螺纹连接，其有效啮合扣数不得少于 5 扣。 (3) 钢管与电气设备直接连接有困难处，以及管路通过建筑物的伸缩、沉降缝处应装挠性连接管
	电缆配线	(1) 电缆配线 1 区应采用铜芯电缆。 (2) 2 区宜采用铜芯电缆，当采用铝芯电缆时，其截面不得小于 10mm²，且与电气设备的连接应采用铜—铝过渡接头。 (3) 不同用途的电缆应分开敷设。 (4) 防爆电机、风机宜优先采用电缆进线

（二）导线材料选择

在油库的爆炸危险场所配电线路的最小允许截面应符合表 2-45 规定。

低压电力、照明线路用的绝缘导线和电缆的额定电压不得低于工作电压，并不应低于 500V，工作零线的绝缘应与相线有同样的绝缘程度。

表 2-45　油库爆炸危险场所配电线路最小允许截面

爆炸危险场所类别	线芯最小截面（mm²）						
	铜芯				铝芯		
	电力	控制	照明	通讯	电力	控制	照明
1 区	2.5	1.0	2.5	0.28	×	×	×
2 区	1.5	1.0	1.5	0.19	16	×`	×

注："×"符号表示不许采用。

（三）导线允许载流量

为避免可能的危险温度，爆炸危险场所导线允许载流量应低于非爆炸危险场所的载流量。在 1 区、2 区内的绝缘导线和电缆截面的选择，导体允许载流量不应小于熔断器熔体额定电流的 1.25 倍和断路器延时过电流脱扣器整定电流的 1.25 倍。引向低压鼠笼型感应电动机支线的允许载流量不应小于电动机额定电流的 1.25 倍。

（四）电气线路的连接

在 1 区及 2 区内的电气线路不允许有中间接头。但若电气线路的连接是在与该危险环境等级相适应的防爆类型的接线盒或接头盒的内部，则不属于此种情况。在 1 区宜采用隔爆型接线盒，2 区可采用增安型接线盒。

电气线路与电气设备引入装置之间的连接方式应符合表 2-46 规定。

表 2-46　电气配线与防爆电气设备的连接方式

引入装置		钢管配线工程	电缆工程			移动式电缆
引入形式	密封方式		橡胶、塑料护套电缆	铅包电缆	铠装电缆	
压盘式压紧螺母式	密封圈式	○	○	○	○	○
压盘式	浇封式		○	○	○	
	金属密封环式	○			○	○

注：（1）浇封式引入装置为有放置电缆头空腔的装置。

（2）移动式电缆须采用有喇叭口的引入装置。

（3）除移动电缆和铠装电缆外，引入口均须有螺纹的保护钢管与引入装置的螺母相连接。

（4）表中"○"表示可以这样连接。

（五）隔离密封

电气线路的电缆或钢管在穿过爆炸危险环境等级不同的区域之间的隔墙或楼板处的孔洞时应用非燃性材料严密堵塞。隔离密封盒位置应尽量靠近墙，其防爆等级应与爆炸危险场所的等级相适应。隔离密封盒不应作为导线的连接或分线用。

电缆配线的电缆保护管口，应使用密封胶泥进行密封。

二、非爆炸危险场所电气线路的敷设

（1）电气线路与管道间最小距离，见表 2-47。

表 2-47　电气线路与管道间最小距离　　（单位：mm）

管道名称	配线方式		穿管配线	绝缘导线明配线	裸导线配线
蒸汽管	平行	管道上	1000	1000	1500
		管道下	500	500	1500
	交叉		300	300	1500
暖气管、热水管	平行	管道上	300	300	1500
		管道下	200	200	1500
	交叉		100	100	1500
通风、给排水及压缩空气管	平行		100	200	1500
	交叉		50	100	1500

（2）室外绝缘导线与建（构）筑物之间的最小距离，见表2-48。

表2-48 室外绝缘导线与建（构）筑物之间的最小距离

（单位：mm）

敷 设 方 式		最 小 距 离
水平敷设的垂直距离	距阳台、平台、屋顶	2500
	距下方窗户上口	300
	距上方窗户上口	800
垂直敷设时至阳台窗户的水平距离		7500
导线至墙壁和构架的距离（挑檐下除外）		50

（3）防护区内导线与建筑物及树木之间的距离应符合表2-49的规定。

表2-49 防护区内导线与建筑物及树木间的距离 （单位：m）

项　　目	电压等级（kV）			
	≤10	35	110	230
非居民区对高于导线的树木和建筑物的最小水平距离应以树木折断、建筑物倒塌时砸不着导线为原则				
居民区导线最大偏斜时对建筑物的最小距离	1.5	3	4	5
导线最大弧垂时对建筑物的最小距离	3	4	5	6
导线对市区街道绿化树木的最小垂直距离	1.5	3	3	3.5

（4）导线最大弧垂对地面及对铁路、公路交叉时的最小距离应符合表2-50的规定。

表2-50 导线最大弧垂对地面及对铁路、公路交叉时的最小距离

（单位：m）

线路经过地区	线路额定电压（kV）		
	1~20	35~110	220
居民区	6.5	7	7.5
非居民区	5.5	6	6.5
居民密度很小，交通困难的地区	4.5	5	5.5
导线至铁路的轨顶	7.5	7.5	8.5
导线至公路面	7.0	7.0	8.0
导线至电车路面	9.0	10	11

（5）导线跨越通讯线交叉距离应符合表2-51的规定。

表 2-51　导线跨越通信线交叉距离

表 2-51　导线跨越通信线交叉距离　　　　　　　　　（单位：m）

电压级别	线路电压（kV）		
	1～20	35～110	220
线路有防雷保护	3.0	3.0	4.0
线路无防雷保护	5.0	5.0	5.0

（6）杆塔倾斜、横担歪斜允许范围应符合表 2-52 的规定。

表 2-52　杆塔、横担歪斜允许范围

类　别	木质杆塔	钢筋混凝土杆	铁塔
杆塔倾斜度（包括挠度）	15/1000	15/10001	5/1000（适用于 50m 及以上高度铁塔）；10/1000（适用于 50m 以下高度铁塔）
横担歪斜度	10/1000	10/1000	10/1000

（7）导线断股、损伤减小截面的处理标准，见表 2-53。

表 2-53　断股、损伤减小截面的处理标准

处理方法　线别	缠　绕	补　修	切断重接
钢芯、铝绞线	断股损伤截面不超过铝股总截面积的 7%	断股损伤截面占铝股面积 5%～7%	（1）钢芯断股；（2）断股损伤截面超过铝股总面积的 25%
钢绞线		断股损伤截面占总面积的 5%～17%	断股损伤截面超过总面积的 17%
单金属绞线	断股损伤截面不超过总面积的 7%	断股损伤截面占总面积的 7%～17%	断股损伤截面超过总面积的 17%

（8）输配电线路合格标准，见表 2-54。

表 2-54　输配电线路合格标准

电压等级（kV）	绝缘电阻最低要求（MΩ）	耐压试验电压（kV）	
≤0.5	>0.5	交流耐压，历时 5min 不击穿	
1（电缆）	>5	交流耐压，历时 5min 不击穿	
6～10（电缆）	>500 且与历年实测值相比，不应有明显下降	油浸纸绝缘	6kV 级 30kV；10kV 级 40kV
		橡胶绝缘	6kV 级 21kV；10kV 级 35kV
		塑料绝缘	按制造厂规定

直流耐压，历时 5min 不击穿

三、架空线路的维护与检修

（一）架空线路巡视检查

1. 架空线路巡视类别与周期

架空线路巡视类别与周期，见表2-55。

表 2-55　架空线路巡视类别与周期

类　别	周　期	说　明
定期巡视	每月一次	经常掌握线路运行状况及沿线情况，并搞好群众护线工作
特殊巡视	气候恶劣时	气候恶劣、自然灾害、线路过负荷等特殊情况时，对全线或某段、某部件的检查，以发现线路的异常现象和部件损坏情况
夜间巡视	不定期	主要检查连接器发热和绝缘子污秽放电情况
故障巡视	故障后	寻找故障地点，查明线路接地、跳闸等故障原因，掌握故障情况，以便处理
登杆塔巡视	不定期	弥补地面巡视不足，对杆塔上部部件进行检查

2. 定期巡视检查项目与标准

（1）防护区内无易燃易爆物。

（2）周围无被风刮起及危及线路安全的金属薄膜、杂物等。

（3）线路附近无威胁安全的工程设施（机械、脚手架等），线路附近的爆破工程应有完备的安全措施。

（4）巡视检查沿线有无江河泛滥、山洪和泥石流、杆塔被淹、森林起火等异常现象。

（5）沿线巡视使用的道路、桥梁应完好无损。

（6）铁塔主材弯曲不得超过5/1000。

（7）混凝土杆无裂纹脱落、钢筋外露、钢钉缺少现象。

（8）拉线及部件无锈蚀、松弛、断股、抽筋、张力分配不匀、缺螺栓和螺帽等现象。

（9）木质杆塔腐朽，其截面不得缩减至50%以下或直径不得缩减至70%以下。

（10）杆塔及拉线基础周围土壤无沉陷，基础无裂纹、损伤、下沉或上拔、护基沉塌或被冲刷。

（11）杆塔周围无过高杂物，杆塔上无危及安全的鸟巢及蔓藤类植物附生。

（12）防洪设施无坍塌或损坏。

3. 导线、避雷线（包括耦合地线、屏蔽线）

（1）导线、避雷线无严重锈蚀、断股损伤或闪络烧伤。

（2）三相弛度平衡，无过松、过紧现象。

（3）连接器无过热。

（4）导线在线夹中无滑动，释放线夹部分无自挂架中脱出现象。

（5）跳线无断股、歪扭变形，跳线与杆塔空气间隙无严重变化。

（6）导线、避雷线上无悬挂的风筝及其他外物。

4. 绝缘子、瓷横担

（1）绝缘子与瓷横担无脏污、瓷质裂纹、破碎；钢脚及钢帽无锈蚀，钢脚无弯曲，钢化玻璃绝缘子无自爆现象。

（2）绝缘子与瓷横担无闪络痕迹和局部火花放电现象。

（3）绝缘子串、瓷横担无严重偏斜。

（4）瓷横担绑线无松动、断股、烧伤。

（5）无锈蚀、磨损、裂纹、开焊，开口销及弹簧销无缺少、代用或脱出。

5. 防雷设施

（1）放电间隙无变动、烧损。

（2）避雷器、避雷线和其他设备的连接应良好。

6. 接地装置

（1）避雷线、接地引下线、接地装置间的连接良好。

（2）接地引下线无断股、断线、严重锈蚀。

（3）接地装置无严重锈蚀，埋入地下部分无外露丢失。

7. 附件及其他

（1）预绞丝应无滑动、断股或烧伤。

（2）防振器应无滑动、离位、线无断股，阻尼线无变形、烧伤。

（3）相分裂导线的间隔棒无松动、离位及剪断，连接处无磨损和放电烧伤。

（4）均压环、屏蔽环无锈蚀及螺栓松动、偏斜。

（5）防鸟设施完整，无变形或缺少。

（6）附属通信设施完好无损坏。

（7）各种检测装置完整无丢失。

（8）相位牌及广告牌完整无丢失，线路名称、杆塔号字迹应清楚正确。

（二）电气线路的故障及预防措施

电气线路的故障及预防措施，见表2-56。

表 2-56　电气线路的故障及预防措施

故障	主要原因	预防措施
漏电：当电气线路绝缘层由于摩擦、挤压、切割、受热、老化、潮湿、污染腐蚀等物理和化学作用而被破坏，丧失或部分丧失绝缘性能时，如果在绝缘破损处与大地之间存在着某种程度的导电路径，那么，在对地电压的作用下，就会有一部分电流从绝缘破损处流出，经导电路径入地，再流回电源，这种现象称为漏电	(1) 绝缘导线与建（构）筑物或设备外壳直接接触的部位，如进户、穿墙及设备进线外，由于绝缘受损或陈旧老化而失去绝缘性能。 (2) 绝缘导线接头通常都是将两芯线扭接后用绝缘胶布包裹，机械强度较差，易受潮湿和污染的腐蚀	(1) 在设计和安装电气线路时，导线绝缘强度不应低于线路额定电压，支持导线的绝缘子也要根据电源电压进行选配。 (2) 在特别潮湿或有酸碱腐蚀性气体场所，严禁绝缘导线明敷，应采用聚氯乙烯套管或水煤气钢管布线。 (3) 在安装线路时，导线接头处理包扎牢固，同时要防止刀钳等物划伤导线绝缘层。 (4) 平时要加强检查维护，发现导线绝缘破损要及时维修或更换
线路短路：线路的火线与火线或火线与地线碰在一起，引起导线电流突然大量增加，比线路正常工作时的电流大到几十倍，以致短时间线路产生的大量热不能立即散发掉，温度升高到绝缘材料的自燃点，引起着火，同时可使靠近线路的可燃材料着火	(1) 线路安装不正确，绝缘材料受到损坏。 (2) 线路的绝缘不良、老化、破损脱落。 (3) 使用导线不合要求。如打结、用铁钉悬挂、将导线裸露端（不用插头）直接插入插座。 (4) 风吹裸导线相碰（导线弛度太大）或线断落与地面、建筑相碰	(1) 安装线路要由电工负责，不能随意乱拉电线。 (2) 在线路运行过程中要经常注意绝缘层有无损坏，并定期检查绝缘强度。检查时，按每伏工作电压 1000Ω 的要求进行，一般在绝缘强度达不到规定数值的 50% 时，要对线路进行检查，找出绝缘能力降低的原因，及时采取措施进行解决。 (3) 导线绝缘必须符合线路电压的要求。 (4) 要根据导线使用的具体情况选用不同类型的导线，即应考虑潮湿、化学腐蚀、高温等使用环境的要求。 (5) 安装线路时，导线与导线之间，导线与墙壁、顶棚、金属建筑构件之间以及固定导线用的绝缘子之间，应合乎规程要求的间距。 (6) 架空裸线附近的树木应定期修剪。在距地面 2m 高以内的一段导线以及穿过楼板和墙壁的导线，应用钢管、硬质塑料管或瓷管保护，以防绝缘遭受损坏。 (7) 在线路上应按规定安装断路器或熔断器以便在线路发生短路时能及时可靠的切断电源

续表

故　障	主要原因	预防措施
线路过负荷：如果导线中通过的电流超过该导线截面所规定的容许电流，就会使线路过负荷。结果导线产生的不正常热量，会引起导线绝缘层发热燃烧，并导致引燃附近可燃物造成火灾	（1）导线截面积与负荷电流不相适应。 （2）在线路中超量增加用电设备。 （3）线路和设备的绝缘损坏，发生严重的漏电或碰线的短路情况。 （4）保险丝选用不当	（1）配电系统应根据负荷条件合理地进行规划；配电线路的导线截面应根据负荷的发展规划正确地进行选择。 （2）使用单位安装线路时应由电工负责，并应严格制度，不准乱拉电线和接入过多负载。 （3）定期用测量或计算的方法，检查线路的实际负荷情况。 （4）安装合适的断路器、熔断器，以便线路过负荷时，能及时切断电源。 （5）严禁滥用钢丝、铁丝代替熔断器的熔丝
线路部分接触电阻过大：导线之间，导线与开关、熔断器、闸刀、电灯、电动机、测量仪表等连接，接得不好、不牢，连接处的接触电阻可大大增加。电阻增大、发热增加，此局部线段会强烈发热，使温度升高引起绝缘层燃烧，导致火灾	（1）导线连接处、接线端子连接处，连接不牢有松动现象。 （2）接线不符合要求。 （3）缺乏检查	（1）导线与导线、导线与电气设备的连接，必须牢固可靠。 （2）为了防止接触电阻过大，必须经常对运行的线路和设备进行巡视检查，发现接头松动或发热，应及时紧固或作适当处理。 （3）大截面导线的连接可用焊接法或压接法，铜铝导线相接时，宜采用钢铝过渡接头。采用在铜铝导线接头处垫锡箔或在铜线鼻子上搪锡再与铝线鼻子连接的方法，也是一种简单易行的减少接触电阻的措施。 （4）在易发生接触电阻过大的部位涂变色漆安放试温蜡片，可以及时发现过热情况
电火花和电弧：电火花是电极间放电的结果，电弧是由放电密集的电火花构成的。电气线路产生的火花或电弧能引起周围可燃物质燃烧，特别是在有爆炸危险的场所，电火花或电弧可以引起燃烧或爆炸。电弧的温度可达 3000℃ 以上，不仅能够导致绝缘物燃烧，而且能使金属熔化，是极危险的火源	（1）导线绝缘损坏或导线断裂，形成短路或接地时，在短路点或接地处将有强烈电弧产生。 （2）大负荷导线连接处松动，在松动处会产生电火花和电弧。 （3）架空的裸导线、混线相碰或在风雨中短路时；各种开关在接通或切断电路时；熔断器的熔丝熔断以及在带电情况下检修或操作电气设备时，都将会有电火花电弧产生	（1）裸导线间或导体与接地体间应保持足够的距离。 （2）应保持导线连接处的紧密和牢固。 （3）应保持导线支持物的良好完整，导线的敷设不宜过松。 （4）要经常检查导线的绝缘电阻，以保持其有足够的绝缘强度和绝缘的完整。 （5）熔断器或开关立装在非燃烧材料的基座上，并用非燃烧材料的箱盒保护。 （6）带电安装和修理电气设备，应有安全措施，并履行批准手续

（三）检修周期与主要项目

检修周期与主要项目，见表 2-57。

表 2-57　检修周期与主要项目

检修类别	小修	大修
检修周期	1 年	5 年或不定期，根据测试结果和运行情况确定
主要项目	（1）清扫检查绝缘子和其他瓷件。 （2）检查不同金属连接器、线夹、防震锤。 （3）紧固金具、夹具各部螺栓、销钉。 （4）检查混凝土构件的缺陷情况。 （5）检查木结构的腐蚀情况。 （6）检查混凝土杆受冻情况。 （7）检查防护区内栽植树、竹情况。 （8）检查线路之间和跌落式熔断器。 （9）检查避雷引线和接地线。 （10）检查柱上油开关。 （11）检查线路变压器。 （12）消除巡视中发现的缺陷	（1）完成小修项目。 （2）镀锌铁塔、混凝土杆、木杆各部紧固螺栓。 （3）导线、避雷线断股及腐蚀情况检查处理。 （4）铁塔基础及拉线地下部分锈蚀情况抽查。 （5）铝线及钢芯铝线连接器检查测试。 （6）绝缘子测试，更换不合格的绝缘子。 （7）铁塔除锈防腐。 （8）杆塔倾斜扶正。 （9）更换杆塔、导线、避雷线

（四）检查质量标准

1. 小修质量标准

（1）绝缘子和其他瓷件应清扫干净，无裂纹，表面损伤面积不得超过 20mm²，钢帽及球头无严重锈蚀、砂眼、裂纹和变形。污秽地区绝缘子清扫干净后，应涂刷防污涂料。

（2）连接器、线夹无过热现象。固定导线的绑线牢固，无松动或断股。防震锤无松动、移位。跳线无烧伤。导线和地线的线夹出口处，无损伤断股。

（3）金具、夹具各部螺栓、销钉紧固，齐全无损。

（4）预应力钢筋混凝土杆无裂纹。普通钢筋混凝土杆保护层不得腐蚀脱落、钢筋外露，裂纹宽度不应超过 0.2mm。

（5）木质杆塔腐蚀，其截面不得缩减至 50% 以下，直径不得缩减至 70% 以下。腐蚀情况未超过以上标准的木质电杆根部应清腐刷油。

（6）结冻前排除混凝土杆内积水，解冻后检查其下沉、上拔、倾斜等情况，杆塔倾斜度和横担歪斜度应符合技术规程规定。

（7）线路刀闸或跌落式熔断器接触部分无氧化，烧伤面积不应超过总接触面积的 1/3，深度不应超过 1mm，引线应无松动发热，螺栓无锈蚀松动，机构应灵活，转动部分及易锈部件应涂凡士林，冬季加防冻油，新换熔丝应松紧适当，端头不得插入熔管内，熔管无烧伤、裂纹和堵塞。刀闸触头接触无松弛，跌落式熔断器合好后压嘴应压紧。

（8）柱上油开关分、合闸试验应正常，压线螺栓连接牢固，并涂凡士林，机构灵活，分合闸位置指示正确，油位油色正常，连接引线无损伤、断股和松动。

（9）线路变压器油位油色正常，连接导线无损伤、断股和松动，外壳无渗漏油。

2. 大修质量标准

（1）对铁塔、混凝土杆、木杆各部螺栓，每 5 年（新线路投入运行 1 年后）紧固螺栓，要求各部螺栓齐全紧固，其穿入方向及露丝数量符合规定，距地面 5m 以内的螺栓采取毁丝（防盗）措施或采用防松螺栓。

（2）每 5 年对无防震器的导线及避雷线进行断股检查。由于断股、损伤减小截面的处理标准，见表 2-53。有防震器的导线及避雷线根据情况进行抽查；由于腐蚀仍需继续运行的钢质导线及避雷线，其强度应大于最大计算压力，否则需更换。

（3）视土壤腐蚀情况，一般每 5 年抽查铁塔基础、拉线地下部分的锈蚀情况，抽查数量为总数的 10%，如有锈蚀，进行防腐处理，并增加抽查 10%。

（4）每 4 年测试铝线及钢芯铝线连接器。导线连接器有下列现象时为不合格，应重新连接。

① 连接器过热。

② 运行中探伤发现爆压管内钢芯烧伤断股，爆压不实。

③ 与同样长度导线的电压降或电阻比值大于 2.0；两半管的电压降或电阻比值大于 2.0。

（5）单片绝缘子有下列情况之一为不合格，应更换。

① 瓷裙裂纹、瓷釉烧坏，钢帽及钢脚有裂纹、弯曲、严重锈蚀、歪斜，浇装水泥有裂纹。

② 瓷绝缘子（每片）绝缘电阻小于 $300M\Omega$。

③ 分布电压值为零。

（6）根据表层状况，一般每 3~5 年对铁塔进行除锈防腐。

（7）根据巡视测量结果，扶正倾斜的杆塔，确保杆塔、横担歪斜处于允许范围内。

（8）更新杆塔、导线、避雷线的施工工艺及质量标准，按国家或行业现行技术标准执行。

（五）试验与验收

1. 预防性试验

（1）检查导线连接管的连接情况。

（2）测量绝缘子的绝缘电阻（瓷横担和钢化玻璃绝缘子不进行测量）。

（3）测量线路绝缘电阻。

（4）测量悬式绝缘子串电压分布或零值。

（5）绝缘子交流耐压（棒式绝缘子不进行）。

（6）测量避雷线接地装置接地电阻。

（7）测量有避雷线的线路杆塔的接地装置的接地电阻。

（8）测量无避雷线的线路杆塔的接地装置的接地电阻。

2. 周期与标准

预防性试验项目、周期及标准，见表2-58。

表2-58　预防性试验项目、周期与标准

项　目	周　期	标　准	说　明
检查导线连接管的连接情况	（1）每2年至少1次。 （2）线路检修时	检查连接管压接合的尺寸及外形是否符合要求	钢导线的连接可延长至每5年1次
测量绝缘子的绝缘电阻（瓷横担和钢化玻璃绝缘子不进行测量）	（1）悬式绝缘子串：35kV及以上2年1次。 （2）耐绝缘子串2年1次	（1）单片绝缘电阻不应低于300MΩ。 （2）半导体釉绝缘子的绝缘电阻值自行规定	运行中可用测量电压分布或零值代替
测量线路绝缘电阻	线路检修后	绝缘电阻值自行规定	（1）测量用2500V及以上兆欧表。 （2）平行线路的另一条已带电时不可测量
绝缘子交流耐压（棒式绝缘子不进行）	（1）每1~2年1次。 （2）更换绝缘子时		可按制造厂规定该型号绝缘子干闪电压的75%为预防性试验标准
测量避雷线接地装置接地电阻	3年至少1次	不宜大于10Ω	在高土壤电阻率地区做到10Ω确有困难时，可按照相关标准的规定办理
测量有避雷线的线路杆塔的接地装置的接地电阻	（1）每5年至少1次。 （2）发电厂、变电所出线1~2km内每1~2年1次	杆塔高度在40m以下时标准见表2-59	如土壤电阻率很高，接地电阻很难降到30Ω时，可采用6~8根总长不超过500m的放射形接地体或连续伸长接地体，其接地电阻可不作规定

续表

项　目	周　期	标　准	说　明
测量无避雷线的线路杆塔的接地装置的接地电阻	（1）每 5 年至少1 次。 （2）发电厂的进出线 1~2km 内每 1~2年 1 次	小接短路电流系统钢筋混凝土杆及金属杆为 30Ω	

表 2-59　接地装置的接地电阻标准

土壤电阻率（Ω·cm）	10^4 及以下	$5×10^4$	$5×10^4 ~ 10×10^4$	$10×10^4 ~ 20×10^4$	$20×10^4$ 以上
接地电阻（Ω）	10	15	20	25	30

3. 导线、避雷线的弛度与限距及绝缘子串偏斜度测量

（1）导线、避雷线的弛度误差不得超过±2.5%~6%。三相不平衡值：挡距为 400m 及以下时，不得超过 200mm；挡距为 400m 以上时，不得超过 50mm。

（2）相分裂导线水平排列的弛度，不平衡值不宜超过 200mm，垂直排列的间距误差不宜超过+20%或+10%。

（3）直线杆塔绝缘子串，顺线路方向偏斜不得大于 15mm。

4. 全线或线段更换杆塔、导线、避雷线大修工程的交接与验收

（1）交接试验项目。交接试验项目除进行预防性试验项目以外，尚需进行的试验，见表 2-60。

表 2-60　除进行预防性试验外的其他试验项目

项　目	标　准	说　明
检查相位	线路两端相位一致	线路联接有变动时
递增加压	应无异常	电压由零值升至额定值（有条件时）
冲击加压	应无异常	冲击合闭三次

（2）隐蔽工程验收项目：

① 基础杆深；

② 基础浇制时的模板尺寸、配筋数量、地脚螺栓规格、混凝土表面状况；

③ 铁塔预制基础、混凝土电杆底盘、卡盘及拉线盘的规格和安装尺寸；

④ 各种压接管规格及压接前后的尺寸；

⑤ 补修管所补修导线损伤情况；

⑥ 拉线与拉棒的连接情况；

⑦ 接地极的敷设情况。

（3）中间工程验收项目：

① 铁塔基础同一基面同组地脚螺栓间距离、各基础面的高低差或主角铁找平印记间的高低差、整基基础中心与中心桩间的位移及线路中心线间的扭转、混凝土强度；

② 钢筋混凝土杆焊口弯曲度及焊接工艺质量、杆身高低差及结构扭转；

③ 杆塔倾斜度及与中心桩的相对位移、架线后电杆的挠度；

④ 横担歪斜度；

⑤ 各部分连接情况及所用零件的规格；

⑥ 永久拉线的连接方位及受力情况；

⑦ 接地电阻值；

⑧ 导线、避雷线弛度；

⑨ 绝缘子串的偏斜度；

⑩ 跳线对各部的间隙距离；

⑪ 金具规格及连接情况；

⑫ 压接管的位置及数量；

⑬ 防震锤的安装位置及数量；

⑭ 交叉跨越距离；

⑮ 导线对地及对建筑物的接近距离；

⑯ 相位；

⑰ 回填土情况。

（4）竣工验收项目：

① 包括所有中间验收项目；

② 路径、杆位、杆型、绝缘子形式、导线与地线规格及线间距离，均应符合设计要求；

③ 跳线的连接；

④ 防护区内障碍物的拆迁；

⑤ 导线换位情况；

⑥ 有无遗留未完项目；

⑦ 各种记录齐全；

⑧ 各项协议书齐全；

⑨ 线路检修完毕，经验收检查和试验合格后，方可投入运行；

⑩ 线路验收完毕，将有关验收资料存入档案。

（5）线路检修后移交的主要技术文件：

① 接地电阻测试记录；

② 导线接头压接记录；

③ 缺陷处理记录；

④ 主要器材使用及试验记录；

⑤ 交叉跨越测量记录；

⑥ 登杆记录；

⑦ 隐蔽工程检查记录；

⑧ 试验记录；

⑨ 验收记录。

四、电缆线路的维护与检修

（一）巡检周期

（1）直埋、隧道、廊道、桥架敷设电缆每 3 个月至少巡检 1 次。特殊情况如施工地段等，应增加次数。

（2）电缆沟、电缆竖井内的电缆每半年至少巡检 1 次。

（3）变电所内的电缆每 3 个月至少巡检 1 次。

（二）检查项目与标准

1. 直埋敷设电缆

（1）查看电缆线路经过的地（道）面是否正常，有无挖掘痕迹，标志牌（桩）应齐全完好。

（2）电缆走向路径上不应堆积瓦砾、矿渣、建筑材料等各种物体。

（3）电缆露天部分的销装应完好。

（4）电缆保护用铁管或支架等有无损坏或锈烂。

（5）电缆终端头接地线应完好、无松动，防雷设施完善。

（6）电缆终端头附件应完好，无过热现象。

2. 桥架敷设电缆

（1）检查桥墩地面沉降情况。

（2）检查桥架两端电缆是否受过大的拉力。

（3）检查桥架电缆护套是否损伤、龟裂、漏油等。

（4）检查桥架金属件有无损伤、锈烂，桥架接地应完好。

3. 隧道敷设电缆

（1）检查电缆敷设位置是否正常。

（2）检查电缆中间接头是否变形、渗漏油。

（3）检查电缆温度及环境温度是否正常。

（4）检查电缆支架有无跌落、锈烂。

（5）检查隧道有无裂纹、漏水。

（6）检查隧道防火、通风、排水、照明等设施是否完好。

4. 电缆沟敷设电缆

（1）检查电缆沟盖板齐全完好。

（2）检查电缆沟是否积水，是否有污水、废气排入。

（3）抽查电缆中间接头，抽查数量一般为中间接头总数的50%，检查中间接头有无变形、渗漏油，接地线是否完好。

（4）检查被抽查的中间接头两侧各2m左右的电缆在支架上有无损伤，护套有无损伤、漏油，支架有无锈烂掉落。

（三）电缆防火设施巡检维护

（1）检查周期与电缆电线巡检周期相同。

（2）检查项目：

① 防火涂料有无脱落，防火槽盒、防火堵料及其他防火设施是否完整；

② 防火报警系统和灭火设施是否完好。

（四）检修周期

（1）小修：一年。

（2）大修：必要时（更换电缆）。

（五）电缆线路试验项目和周期

电缆线路试验项目和周期，见表2-61。

表2-61　电缆线路试验项目与周期

试 验 项 目	周　　　期
测量绝缘电阻（包括外护套）	主要线路，每年1次
	次要线路，2年1次
直流耐压及测量泄漏电流	主要线路，每年1次
	非重要线路，2年1次
充油电缆绝缘油电气强度及介质损耗测量	3年1次

（六）维修项目

1. 户内终端头的维修

（1）清洁终端头，检查有无电晕放电痕迹。

（2）检查终端头引出线接触是否良好，有无过热。

（3）核对线路铭牌及相位颜色标志应清晰正确。

（4）检查电缆销装及支架锈蚀和油漆完好情况。

（5）检查接地线，应完好并接地良好。

2. 户外终端头的维修

（1）清洁终端头匣及套管，检查壳体及套管有无裂纹和表面有光放电痕迹。

（2）检查终端头引出线接触是否良好，有无过热和腐蚀。

（3）核对线路铭牌及相位，颜色应清晰。

（4）检查电缆销装层、保护管及支架腐蚀情况。

（5）检查电缆护套及铅包龟裂和腐蚀情况。

（6）检查接地线，应完好和接触良好。

（7）检查终端匣内绝缘胶有无水分，对绝缘胶进行补充。

3. 廊道、隧道、桥架中电缆的维修

（1）检查电缆在支架上有无损伤。

（2）检查电缆护套有无损伤、漏油。

（3）检查电缆中间接头有无漏油。

（4）检查电缆支架有无锈烂、脱落。

（5）检查电缆有关防护设施是否完整。

（6）检查电缆中间头接地线是否完好。

（7）检查电缆支架、桥架接地是否良好。

4. 电缆沟中电缆的维修

（1）检查全部中间接头有无变形、渗漏油。

（2）检查中间接头地线是否完好。

（3）检查中间接头两侧各长 3m 左右的电缆在支架上有无损伤，护套有无损伤、漏油，支架有无锈烂、脱落。

（七）电缆线路试验

1. 油浸纸绝缘电力电缆线路试验项目与标准

油浸纸绝缘电力电缆线路试验项目与标准，见表 2-62。

表 2-62　油浸纸绝缘电力电缆线路试验项目与标准

项　　目	标　　准
测量绝缘电阻	绝缘电阻值自行规定
直流耐压及测量泄漏电流	（1）试验电压见表 2-63。 （2）试验持续时间为 5min。 （3）三相不平衡系数应不大于 2（塑料电缆除外）。 （4）泄漏电流值大一些，对于 10kW 及以上者应当小于 20μA，6kW 及以下者应当小于 10μA 时，其不平衡系数自行规定。 （5）油浸纸绝缘电力电缆长度为 250m 及以下时的泄漏电流参考值见表 2-64

续表

项　　目	标　　准
充油电缆绝缘	(1) 新油不低于 50kV。 (2) 运行中油不低于 45kV

表 2-63　油浸纸绝缘电力电缆试验压力

额定电压 U_e（kV）	2~10	10~35	63~110	220
试验电压（kV）	$5U_e$	$4U_e$	$2.6U_e$	$2.3U_e$

表 2-64　油浸纸绝缘电力电缆长度为 250m 及以下时的泄漏电流参考值

电缆类型	工作电压（kV）	试验电压（kV）	泄漏电流（μA）
三芯电缆	35	140	85
	20	80	80
	10	50	50
	6	20	30
	3	15	20
单芯电缆	10	50	70
	6	30	45
	3	15	30

2. 交联聚乙烯电缆试验项目与标准

交联聚乙烯电缆试验项目与标准，见表 2-65。

表 2-65　交联聚乙烯电缆试验项目与标准

项　　目			标　　准
测量绝缘电阻	芯线（用 1000~2500V 兆欧表）	直埋电缆	500MΩ 以下为不良，对终端头进行检查后再测
			500~2000MΩ 应注意，对终端头进行检查后再测，或过 0.5~1 年再测
			2000MΩ 以上为良好，可正常使用
		非直埋电缆（500MΩ）	
	护套（用 500V 兆欧表）		6~10kV 不小于 0.5MΩ
			35kV 不小于 3.5MΩ

续表

项　目	标　准
直流泄漏电流试验	试验电压见表2-66

		直埋电缆	1μA/km 以下为良好
			1~10μA/km 应注意
			10μA/km 以上为不良
	直流泄漏电流值	非直埋电缆	6~10kV 电缆，10μA/km 以下
			35kV 电缆，10μA/km 以下

直流泄漏电流试验	V_1（V_2）时的绝缘电阻=V_1（V_2）/5~10min 每 km 泄漏电流值，应大于 10000MΩ/km
	V_1时极化比=1min 泄漏电流值/5~10min 泄漏电流值，应大于 1.0
	V_2时极化比=V_1时绝缘电阻值/V_2时绝缘电阻值，应小于 5.0
	V_2时相间不平衡率=（最大相泄漏电流−最小相泄漏电流）/三相泄漏电流平均值，应小于 200%

表 2-66　直流泄漏电流试验电压

试验 项目	额定	6（kW）		10（kW）		35（kW）	
		V_1	V_2	V_1	V_2	V_1	V_2
新装		16	21	21	29	50	85
运行		6	10	8	13	28	50
持续时间（min）		5~10					

注：（1）施加直流电压极性应为负极性。

（2）每级电压持续时间泄漏电流应逐渐减小，并趋于稳定，不应有突然跳或随时间而增加的现象。

（3）必要时可提高试验电压或延长加压持续时间。

（八）电缆维修交接与验收

（1）电缆线路维修、预防性试验后，检修人员应提供下列资料。

① 电缆线路维修记录。

② 电缆线路预防性试验报告。

（2）电缆线路维修结束，运行人员进行下列检查后，检修、运行双方签字。

① 核对预防性试验报告及维修记录。

② 检查电缆接头及附件完好、接线正确、接地线完好、相色清晰、周围无杂物。

（九）电气线路的报废条件

输、配电线路遇有下列条件之一者，可以报废。

（1）线路的导线，因过载或短路而受损，或因断股损伤截面超过总面积的17%，可局部或全部报废。

（2）线路的绝缘体，因自然老化脆裂或受损，可局部或全部报废。

（3）线路因受潮、侵蚀等原因，导致绝缘电阻下降，虽然采取改善措施，但仍达不到表2-67规定的数值时，可局部或全部报废。

表2-67　输配电线路合格标准

电压等级（kW）	绝缘电阻最低要求（MΩ）	耐压试验电压（kV）		
≤0.5	>0.5	交流耐压，历时5min不击穿		
1（电缆）	>5	交流耐压，历时5min不击穿		
6~10（电缆）	>500	油浸纸绝缘	6kV级30kV；10kV级40kV	直流耐压，历时5min不击穿
	与历年实测值相比，不应有明显下降	橡胶绝缘	6kV级21kV；10kV级35kV	
		塑料绝缘	按制造厂规定	

（4）架空线路的金具，如腐蚀严重应报废。

（5）线路的金属配管，因外伤破裂或自然腐蚀严重，应报废。

第三章 油库防雷防静电设施及管理

第一节 油库防雷

一、油库防雷有关规定

GB 50074《石油库设计规范》中有关防雷规定，见表3-1。

表3-1 《石油库设计规范》中有关油库防雷的规定

油库防雷设备设施	油库防雷设计有关规定
1. 油罐防雷的接地	(1) 钢油罐必须做防雷接地，接地点不应少于2处。 (2) 钢油罐接地点沿油罐周长的间距，不宜大于30m，接地电阻不宜大于10Ω
2. 储存易燃油品油罐的防雷	(1) 装有阻火器的地上卧式油罐的壁厚和地上立式固定顶钢油罐的顶板厚度等于或大于4mm时，不应装设接闪杆（网）。铝顶油罐和顶板厚度小于4mm的钢油罐，应装设接闪杆（网）。接闪杆（网）应保护整个油罐。 (2) 外浮顶油罐或内浮顶油罐不应装设接闪杆（网），但应将浮顶与罐体用2根导线做电气连接。外浮顶油罐连接导线应选用横截面不小于50mm²的扁平镀锡软铜复绞线或绝缘阻燃护套软铜复绞线。内浮顶油罐的连接导线应选用直径不小于5mm的不锈钢钢丝绳。 (3) 覆土油罐的呼吸阀、量油孔等法兰连接处，应做电气连接并接地，接地电阻不宜大于10Ω
3. 储存可燃油品油罐的防雷	储存可燃油品的钢油罐，不应装设接闪杆（网），但应做防雷接地
4. 储存易燃油品的人工洞油库的防雷	储存易燃油品的人工洞油库，应采取下列防止高电位引入的措施。 (1) 进出洞内的金属管道从洞口算起，当其洞口外埋地长度超过$2\sqrt{\rho}$m（ρ为埋地电缆或金属管道处的土壤电阻率Ω·m）且不小于15m时，应在进入洞口处做1处接地。在其洞外部分不埋地或埋地长度不足$2\sqrt{\rho}$m时，除在进入洞口处做1处接地外，还应在洞口外做2处接地，接地点间距不应大于50m，接地电阻不宜大于20Ω。 (2) 电力和信息线路应采用铠装电缆埋地引入洞内。洞口电缆的外皮应与洞内的油罐、输油管道的接地装置相连。若由架空线路转换为电缆埋地引入洞内时，

油库防雷设备设施	油库防雷设计有关规定
4. 储存易燃油品的人工洞油库的防雷	从洞口算起，当其洞外埋地长度超过 $2\sqrt{\rho}$ m 时，电缆金属外皮应在进入处做接地。当埋地长度不足 $2\sqrt{\rho}$ m 时，电缆金属外皮除在进入洞口处做接地外，还应在洞外做 2 处接地，接地点间距不应大于 50m，接地电阻不宜大于 20Ω。电缆与架空线路的连接处，应装设过电压保护器。过电压保护器、电缆外皮和瓷瓶铁脚，应做电器连接并接地，接地电阻不宜大于 10Ω。 (3) 人工洞油库油罐的金属通气管和金属通风管露出洞外的部分，应装设独立接闪杆。爆炸危险 1 区应在避雷针的保护范围以内。接闪杆的尖端应设在爆炸危险 2 区之外
5. 易燃油品泵房（棚）的防雷	(1) 油泵房（棚）的防雷应按二类防雷建筑物设防。接闪网的引下线不应少于 2 根，并应沿建筑物四周均匀对称布置，其间距不应大于 18m。网格不应大于 10m×10m 或 12m×8m。 (2) 进出油泵房（棚）的金属管道、电缆的金属外皮或电缆金属桥架，在泵房（棚）外侧应做 1 处接地，接地装置应与保护接地装置及防感应雷接地装置合用
6. 可燃油品泵房（棚）的防雷	(1) 在平均雷暴日大于 40d/a 的地区，可燃油品泵房（棚）的防雷应按二类防雷建筑物设防。接闪器的引下线不应少于 2 根，其间距不应大于 25m。 (2) 进出油泵房（棚）的金属管道、电缆的金属外皮或电缆金属桥架，在泵房（棚）外侧应做 1 处接地，接地装置宜与保护接地装置及防感应雷接地装置合用
7. 装卸易燃油品的鹤管和栈桥（站台）的防雷	(1) 露天装卸油作业的，可不装设接闪杆（网）。 (2) 在棚内进行装卸油作业的，应装设接闪网。棚顶的接闪网不能有效保护爆炸危险 1 区时，应加装接闪杆。 (3) 进入油品装卸区的输油（油气）管道在进入点应接地，接地电阻不应大于 20Ω
8. 输油（油气）管道的防雷	(1) 输油（油气）管道的法兰连接处应跨接。当不少于 5 根螺栓连接时，在非腐蚀环境下可不跨接。 (2) 平行敷设于地上或非充沙管沟的金属管道，其净距小于 100mm 时，应用金属线跨接，跨接点的间距不应大于 30m。管道交叉点净距小于 100mm 时，其交叉点应用金属线跨接
9. 油库信息系统的防雷要求	(1) 装于地上钢油罐上的信息系统的配线电缆应采用屏蔽电缆，并应穿镀锌钢管保护，保护管两端与罐体做电气连接。 (2) 油库内信息系统的配电线路首末端需与电子器件连接时，应装设与电子器件耐压水平相适应的过电压保护（电涌保护）器。 (3) 油库内的信号电缆宜埋地敷设，并宜采用屏蔽电缆，当采用铠装电缆时，电缆的首末端铠装金属应接地。当电缆采用穿钢管敷设时，钢管在进入建筑物处应接地。 (4) 油罐上安装的信息系统装置，其金属的外壳应与油罐罐体做电气连接。 (5) 油库的信息系统接地，宜就近与接地汇流排连接

续表

油库防雷设备设施	油库防雷设计有关规定
10. 油库建筑物内供配电系统的防雷	(1) 当电源采用 TN 系统时，从建筑物内总配电盘（箱）开始引出的配电线路和分支线路必须采用 TN-S 系统。 (2) 建筑物的防雷区，应根据现行国家标准 GB 50057《建筑物防雷设计规范》划分。工艺管道、配电线路的金属外壳（保护层或屏蔽层），在各防雷区的界面处应做等电位连接。在各被保护的设备处，应安装与设备耐压水平相适应的过电压（电涌）保护器

二、油库防雷设施

防雷设施由接闪器、引下线和接地体三部分组成。

（一）接闪器

主要指接闪杆，宜采用钢管或圆钢制成，其直径不应小于下列数值：

针长 1m 以下：圆钢为 12mm；钢管为 20mm。

针长 1~2m：圆钢为 16mm；钢管为 25mm。

不应采用装有放射性物质的接闪器。

（二）引下线

宜采用圆钢或扁钢，优先采用圆钢。其尺寸不应小于下列数值：圆钢直径为 8mm；扁钢截面为 50mm²，扁钢厚度为 2.5mm。

当引下线为多根时，为了便于测量接地电阻及检查引下线、接地线的连接情况，宜在各引下线于距地面 1.8m 以下处设置断接卡；引下线在易受机械损坏的地方，地下 0.3m 至地上约 1.7m 段应加保护设施；接闪器、引下线应镀锌。

（三）接地体

垂直埋设的接地体，宜采用角钢、钢管、圆钢等，水平埋设的接地体宜用扁钢、圆钢等。

人工接地体的尺寸不应小于下列数值：圆钢直径为 14mm；扁钢截面为 90 mm²；扁钢厚度为 3mm；角钢厚度为 3mm；钢管壁厚为 2mm。

在腐蚀性较强的土壤中，应采取热镀锌等防腐措施或加大截面。

垂直接地体长度宜为 2.5m。为了减少相邻接地体的屏蔽效应，垂直接地体间的距离及水平接地体间的距离宜为 5m。

在高土壤电阻率地区，为降低接地装置的接地电阻，可采取深埋接地体于低电阻率土壤中或采用降阻剂。

第二节　油库防静电

一、概述

（一）静电放电类型

静电放电类型见表 3-2。

表 3-2　静电放电类型

类　型	形　成　条　件	危　害　程　度
电晕放电	一般发生在电极相距较远，带电体或接电体表面有突出部分或楞角的地方	放电能量较小而分散，危险性小，引起灾害的几率较小
刷形放电	两极间的气体因击穿成为放电通路，但又不集中在某一点上，而是有很多分叉，分布在一定的空气范围内。在绝缘体上更易发生	在单位空间内释放的能量也较小，但具有一定的危险性，比电晕放电引起灾害几率高
火花放电	两极间的气体被击穿成通路，又没有分叉的放电，有明显的放电集中点，伴有短促爆裂声	在瞬时间能量集中释放，危险性较上两类大

（二）静电引燃必须具备的条件

（1）必须有静电电荷的产生。

（2）必须有足以产生火花的静电电荷的积聚。

（3）必须有合适的火花间隙，使积聚的电荷以引燃的火花形式放电。

（4）在火花间隙中，必须有可燃性液体的蒸气与空气的混合物。对于油库来说，上述条件同时存在的时机很多，所以静电放电是油库发生火灾和爆炸事故的重要引燃源，必须严加防患，否则会造成重大损失。

（三）静电着火的主要规律

（1）气候干燥（大气湿度 15% 左右）地区和炎热（气温在 37℃ 以上）季节静电失火事故较多。

（2）喷气燃料比航空汽油静电失火事故较多。

（3）向加油车、飞机油箱、油罐汽车灌装油料时，静电事故较多，且多发生在灌油开始的 1~2min 内。

（4）明流加油，管口绑有过滤绸套时，容易发生静电失火事故。

（5）使用绸毡过滤器比不使用过滤器时容易发生静电失火事故。

二、油库防止静电失火措施

（一）防止静电失火措施方框图

防止静电失火措施方框图，见图3-1。

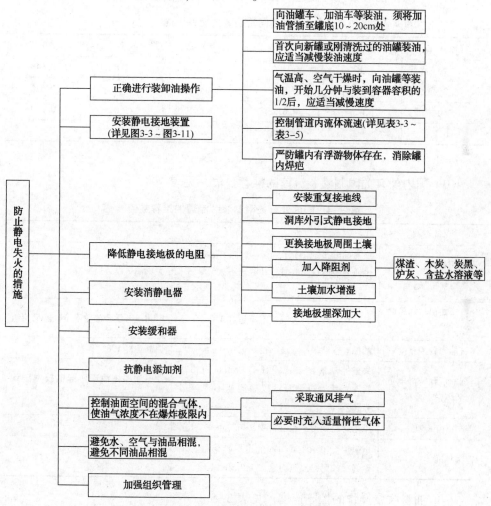

图3-1 防止静电失火措施方框图

（二）控制油品流速

1. 控制油品在管内的流速

（1）国内外资料中对油品在管内流速控制的计算如下：

$$v^2 D \leq 0.64 \tag{3-1}$$

式中 v——油品流速，m/s；

D——管径，m。

符合上式的油品流速，即不易产生静电灾害。

（2）不同管径最大允许流速，见表3-3。

表3-3 不同管径最大允许流速

管径（mm）	最大流速（m/s）	v^2D 值	管径（mm）	最大流速（m/s）	v^2D 值
10	8	0.64	200	1.8	0.648
25	4.9	0.6003	400	1.3	0.676
50	3.5	0.6125	600	1.0	0.600
100	2.5	0.625			

注：本表基本符合（$v^2D \leqslant 0.64$）公式。

（3）国内外有关限制灌装流速的推荐数值，见表3-4。

表3-4 国内外有关限制灌装流速的推荐数值

资料名称	推荐数值	备注
《油田防爆、防雷、防静电标准》	在有静电接地的情况下，汽油、苯及同类性质的液体在吸取时，其流速不大于3.5~4.5m/s	大庆油田设计研究院
《石油知识与油轮防爆》	装运汽油时，最大流速不应超过4.0m/s	广州航海学会油轮安全经验交流组
《石油库管理制度》	灌油、输油最高流速不得超过6.0m/s	原商业部1981年7月
《炼油厂预防静电危害的规定》	轻质油品输送流速，对于DN100的输油管，当其入口管浸没以后流速不得超过4.5m/s	原石油部炼油厂防静电技术座谈会1982年4月
美国API标准	不论管径如何，流速为4.5~6.0m/s	
德国标准	电阻率大于 $10^9 \Omega \cdot cm$ 的可燃性液体，不论管径如何，流速均应在7.0m/s以下	

（4）油料收发操作的控制速度，见表3-5。

表3-5 油料收发操作的控制速度

操作项目	控制速度
向空油罐收油	初速度不大于1m/s，当入口管浸没20cm后可提高速度，但亦不得超过 $v^2D \leqslant 0.64$ 式要求

续表

操 作 项 目	控 制 速 度	
向油船装卸油料	初速度不大于1m/s，油位超过船底纵材后可加速，但亦不得超过v^2D ≤0.64式要求	
向铁路罐车装油	要求满足下式：$v^2D≤0.8$	鹤管直径为100mm，$v=2.8$m/s
		鹤管直径为150mm，$v=2.3$m/s
向汽车油罐车装卸油	速度不大于4.5m/s	
灌200L轻油桶	每桶不大于1m/s	
油罐测温、采样	上提速度不大于0.5m/s，下落速度不大于1m/s	

（三）足够的静置时间

1. 非商业用油库中规定油品在容器中静置时间

非商业用油库中规定油品在容器中静置时间，见表3-6。

表3-6　非商业用油库规定油品在容器中静置时间

容　器		静置时间及操作内容			
油罐	容积（m³）	<10	11~50	51~5000	>5000
	静置时间（min）	3	5	15	30
铁路油罐车		2min后才能 检尺、测温			
汽车油罐车		加油后静置2min 才能提升鹤管			

2. 日本规定的油料静置时间

日本规定的油料静置时间，见表3-7。

表3-7　日本规定的油料静置时间

电导率（S/m）	储罐容积（m³）			
	<10	10~50	51~5000	>5000
	静置时间（min）			
$>10^{-8}$	1	1	1	2
$10^{-12}~10^{-8}$	2	3	10	30
$10^{-14}~10^{-12}$	4	5	60	120
$<10^{-14}$	10	15	120	240

（四）人体带静电及其导除

1. 人体带静电几项测试数据

（1）所穿鞋袜与人体带电关系，见表 3-8。

表 3-8　所穿鞋袜与人体带电关系　　　　　　　（单位：kV）

鞋	袜			
	赤脚	厚尼龙袜（100%）	薄尼龙袜（100%）	导电性袜
橡胶底运动鞋	20.0	19.0	21.0	20.0
皮革鞋（新）	5.0	8.5	7.0	6.0
静电鞋 $10^7\Omega$	4.0	5.5	5.0	4.0
静电鞋 $10^6\Omega$	2.0	4.0	3.5	3.5

（2）穿棉质内衣和其他织物的衣服时，在不同情况下的静电电压，见表 3-9。

表 3-9　穿棉质内衣和其他织物的衣服在不同情况下的静电电压

材　料	穿脱时静电电压（V）		
	穿上时	穿后 5min	脱下时
棉织品	0	0	-500
涤棉织品			100
羊毛织品	100	10	-4500~4800
合成纤维织品	-100~200	-100~300	0~+40

（3）穿合成纤维内衣和其他各种织物时，在不同情况下的静电电压，见表 3-10。

表 3-10　穿合成纤维内衣和其他织物在不同情况下的静电电压

材　料	穿脱时静电电压（V）		
	穿上时	穿后 5min	脱下时
棉织品	10~30	20~30	60~1500
涤棉织品	0~10	-30~-5	600
羊毛织品	50~300	80~150	

注：试验条件是温度均为 20℃，空气相对湿度为 65%。

2. 从测试数据得出的结论

（1）在易燃易爆场合，工作人员均不应穿合成纤维服装。

（2）人体带静电的危险性很大，当人对地电容为 $C_人 = 100\text{pF}$，人体电位为 $U_人 = 300\text{V}$ 时，则人所带静电能量 $W_人 = 1/2 \cdot C_人 \cdot U_人 = 0.45\text{mJ}$，这比石油蒸气混合物的最低点火能量 0.2mJ 高出一倍多。

3. 人体带静电的导除

（1）在储存轻质油洞库门口、油泵房门口、地面储罐梯子的进口处等应设导除静电的手握体。

（2）在1区场所，不应在地坪上涂刷绝缘油漆，严禁用橡胶板、塑料板、地毯等绝缘物质铺地。

（3）在1区场所及在罐车、储罐上作业时，严禁穿塑料、泡沫塑料底鞋，应穿防静电鞋和防静电服，且内身不应穿着两件以上涤纶、腈纶、尼龙服装。

（4）在爆炸危险场所，严禁穿脱任何服装，不得梳头、拍打衣服和互相打闹拥抱。

（5）在易燃易爆场所，人员不宜坐用人造革之类的高电阻材料制造的坐椅。

（五）防静电接地

油库设备、设施防静电接地在 GB 50074—2014《石油库设计规范》及 YLB3002A—2003 中都有具体要求。

1. 油库防静电接地要求及具体作法

油库设备、设施防静电接地在 GB 50074—2014《石油库设计规范》及其他防止静电危害安全规程中都有具体要求，如表 3-11 所示。

表 3-11　油库主要设备设施防静电接地要求及具体做法

项　　目	防静电接地要求及具体做法
洞库防静电接地系统做法	储油洞库内的油罐、油管、油气呼吸管、金属通风管（非金属通风管的金属件）、管件等都应用导静电引线（$\phi 8mm$ 或 $\phi 10mm$ 钢筋）连接。在主通道内设导静电干线（一般用 $40mm \times 4mm$ 扁钢），引线和干线连接形成导静电系统。干线引至洞外找适当位置设置接地体。如有两个以上洞口，最好向两口引出接地干线，每口设一组接地体。 洞库防静电系统图，见图 3-2
立式地面油罐防静电接地做法	立式地面金属油罐外壁应设防静电接地点，容量大于 $50m^3$ 的罐，其接地点应不少于两处，对称设置，且间距不大于 30m，并连接成环形闭合回路。油罐测量孔应设接地端子，以便采样器、测温盒导电绳、检尺工具接地。油罐内壁需涂漆时，应涂比所装介质电导率大的漆，其电阻率应在 $10^{14}\Omega \cdot cm$ 以下。 立式地面油罐防静电接地装置示意图，见图 3-3
立式半地下油罐防静电接地做法	伸出罐顶覆土层外的呼吸阀、阻火器、量油帽等金属附件应用导静电跨接条进行电气连接并接地；罐室内的金属罐体及室内外的管道和附件等应电气连接并引出通道外接地，在通道口设导静电手握体，见图 3-4

项　　目	防静电接地要求及具体做法
卧式地面油罐防静电接地做法	卧式地面油罐及管道和管件应电气连接并接地，并设接地测井，见图 3-5
非金属油罐防静电接地做法	应在罐内设置防静电导体引至罐外接地，并应与油罐的金属管线连接
输油管路防静电接地做法	地上、管沟中的输油管路其两端、分岔、变径、阀门等处以及较长管道每隔 200m 左右（GB 50074 中要求 200～300m）都应接地一次。 防静电接地可与防感应雷接地合用，接地电阻不宜大于 30Ω。 输油胶管的外壁应有金属绕线。 所有管件、阀门的法兰处都应设导静电跨接。当法兰连接螺栓多于 5 个时，在非腐蚀环境下可不跨接。 平行敷设的管线之间在管道支架（固定座）处应做跨接。 平行敷设的地上管线之间间距小于 100mm 时，每隔 30m 左右应用 40mm×4mm 扁钢互相跨接。 输油管线已装阴极防护的区段，不应再做静电接地。 输油管线防静电接地示意，见图 3-6 和图 3-7
铁路装卸油作业区防静电接地做法	铁路装卸油作业区的设施设备，如钢轨、钢制装卸油栈桥、集油管、鹤管、油槽车等都应做防静电连接并设接地体。每座装卸油栈桥的两端及中间处各设一组连接线及接地体。 两组跨接点的间距不应大于 20m，每组接地电阻不应大于 10Ω。 铁路装卸油作业区防静电连接及接地示意图，见图 3-8
汽车装卸油作业区防静电接地做法	油泵、管线、管件、站台金属构件等应做导静电跨接，鹤管设移动连接线及导静电夹，上站台的口处设导静电手握体，见图 3-9
码头装卸油设施设备防静电接地做法	码头区内的所有输油管线、设备和建（构）筑物的金属体，均应连成电气通路并进行接地。码头的装卸船位应设置接地干线和接地体，接地体应至少有一组设置在陆地上。在码头（趸船）的合适位置，设置若干个接地端子板，以便与油船（驳）作接地连接。码头引桥、趸船等之间应有两处相互连接并进行接地。连接线可选用 35mm² 多股铜芯电线，见图 3-10
自动化计量设备的接地	（1）凡使用称重式计量仪表的油罐，其上罐及伸入罐内的气管均应采用金属导管，并安装牢固，罐内钟罩应做好接地连接。 （2）液位计仪表及部件须与油罐体作可靠的电气连接。 （3）自动电子计量灌装设备的防静电联锁装置必须可靠、完好

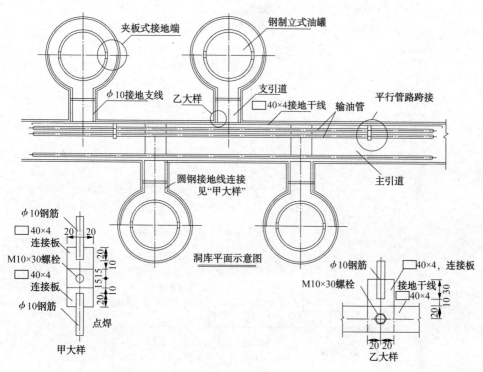

图 3-2　洞式油罐、油管防静电系统示意图

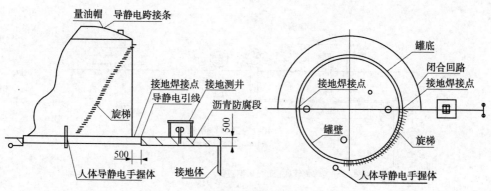

图 3-3　立式地面油罐接地装置示意图

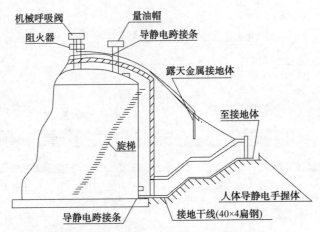

图 3-4 立式半地下油罐接地装置示意图

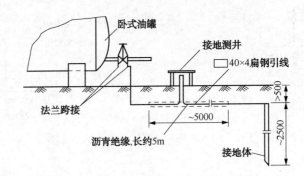

图 3-5 卧式地面油罐接地装置示意图

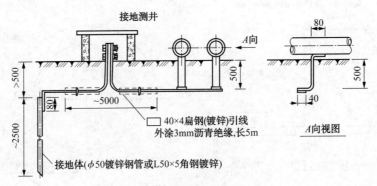

图 3-6 地上管线防静电接地示意图

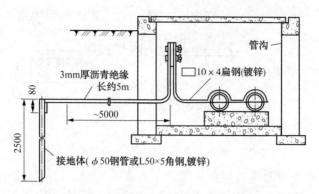

图 3-7　管沟管线防静电接地示意图

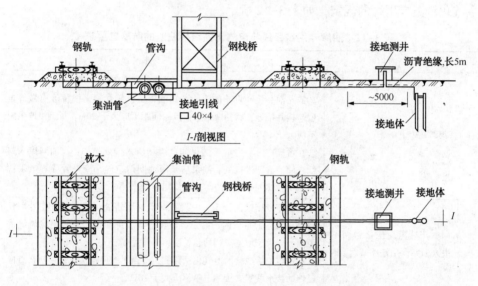

I-I剖视图

平面图

图 3-8　铁路装卸区防静电接地示意图

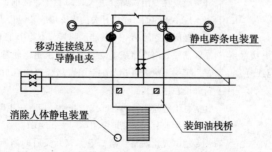

图 3-9　汽车装卸油作业区防静电接地示意图

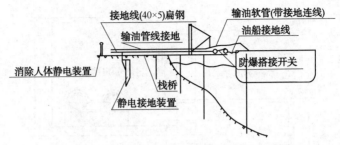

图 3-10　码头装卸油作业区防静电接地示意图

2. 电气化铁路专用线的防静电做法

GB 50074—2014《石油库设计规范》和"油库设计其他相关规范"对油库电气化铁路专用线的规定，如表 3-12 所示。

表 3-12　油库专用铁路线与电气化铁路接轨时的防静电要求

项　目		要　求
1. 总原则及要求		①电气化铁路高压电接触网不宜进入油库装卸区； ②铁路油品装卸设施的钢轨、输油管道、鹤管、钢栈桥等应做等电位跨接并接地，相邻两组跨接点的间距不应大于20m，每组接地电阻不应大于10Ω； ③在可能产生静电危害的爆炸危险场所入口处，如：储油洞库入口处、储油罐间进口处、油泵房及灌油间门口等，应设置导静电手握体。手握体并应用引线与接地体相连
2.两种情况的不同要求	（1）当铁路高压接触网不进入油库专用铁路线时	①在油库专用铁路线上，应设置两组绝缘轨缝。第一组设在专用铁路线起始点15m以内，第二组设在进入装卸区前。两组绝缘轨缝的距离，应大于取送车列的总长度； ②在每组绝缘轨缝的电气化铁路侧，应设1组向电气化铁路所在方向延伸的接地装置，接地电阻不应大于10Ω
	（2）当铁路高压电接触网进入油库专用铁路线时	①进入油库的专用电气化铁路线高压电接触网应设两组隔离开关。第一组隔离开关应设在与专用铁路线起始点15m以内，第二组隔离开关应设在专用铁路线进入装卸油作业区前，且与第一个鹤管的距离不应小于30m。隔离开关的入库端应装设避雷器保护。专用线的高压接触网终端距第一个卸油鹤管，不应小于15m； ②在油库专用铁路线上，应设置两组绝缘轨缝及相应的回流开关装置。第一组绝缘轨缝设在专用铁路线起始点15m以内，第二组绝缘轨缝设在进入卸油区前； ③在每组绝缘轨缝的电气化铁路侧，应设1组向电气化铁路所在方向延伸的接地装置，接地电阻不应大于10Ω； ④专用电气化铁路线第二组隔离开关后的高压接触网，应设置供搭接的接地装置

3. 接地测井或测量箱的设置

（1）接地测井的位置应离开易燃易爆部位，且选在不受外力伤害，便于检查、维护和测量的地方。

（2）防雷接地测井中的接地干线与接地体之间不设断接螺栓，直接测量接地电阻值。

（3）防静电接地测井中的接地干线与接地体之间应设断接螺栓，测量接地体的电阻时应断开接地干线。为保证测量数据的精度，对距测点 5m 的接地干线应涂以 3~5mm 厚的沥青绝缘。

（4）接地测量井图，见图 3-11。

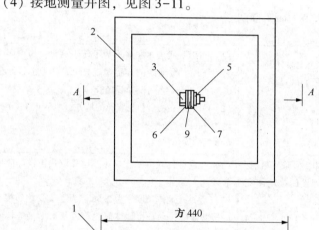

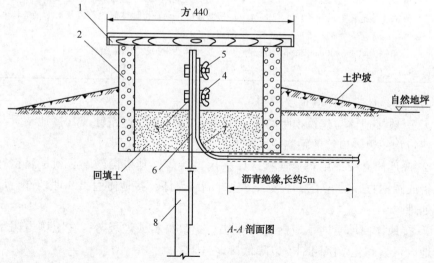

图 3-11　接地测量井图

1—盖板；2—井壁；3—螺栓；4—蝶形螺母；5—弹簧垫片；6—接地扁钢

4. 接地装置的材料及安装要求

（1）油库防雷接地装置。防雷接地装置由接闪器、引下线和接地装置三部分组成，其具体要求见表3-13。

表3-13　常用防雷装置规格及技术要求

	材 料 规 格	技 术 要 求
接闪器	主要指接闪杆，宜采用钢管或圆钢制成，其直径不应小于下列数值： （1）针长1m以下：圆钢为φ12mm；钢管为φ20mm。 （2）针长1～2m：圆钢为φ16mm；钢管为φ25mm	（1）不应采用装有放射性物质的接闪器。 （2）用钢管时应将尖端打扁并焊接封口。 （3）几段管段连接时，应有250mm以上的搭接长度，并焊接。 （4）接闪器应镀锌
引下线	宜采用圆钢或扁钢，优先采用圆钢。其尺寸不应小于下列数值： （1）圆钢直径为φ8mm； （2）扁钢截面为50mm²，扁钢厚度为2.5mm	（1）当引下线为多根时，为了便于测量接地电阻及检查引下线、接地线的连接情况，应在各引下线距地面0.3m至1.8m之间设置断接卡。 （2）引下线在易受机械损坏的地方，地下0.3m至地上约1.7m段应加保护设施。 （3）引下线应镀锌
接地装置	（1）垂直埋设的接地体，宜采用角钢、钢管、圆钢等，水平埋设的接地体宜用扁钢、圆钢等。 （2）人工接地体的尺寸不应小于下列数值：钢管直径为φ32～60mm，长2～3m；角钢为40mm×40mm×5mm～50mm×50mm×5mm，长2～3m	（1）在腐蚀性较强的土壤中，应采取热镀锌等防腐措施或加大截面。 （2）垂直接地体长度宜为2.5m。为了减少相邻接地体的屏蔽效应，垂直接地体间的距离及水平接地体间的距离宜5m。 （3）接地体距保护物的水平距离不小于1m。 （4）接地体埋深不小于0.5m

（2）接地体安装的其他要求：

① 一般接地体与建筑物距离不宜小于1.0m，独立避雷针及其接地装置与道路或建筑物的出入口等的距离应大于3m；

② 接地体必须采用焊接连接。如采用搭接焊，其搭接长度必须是扁钢宽度的2倍或圆钢直径的6倍。焊接部位应补刷防腐漆，接地体引出线埋地部分应作防腐处理；

③ 接地体回填土内不应夹有大石块、建筑材料或垃圾等，在土壤电阻率较高的地区可掺和化学降阻剂，以降低接地电阻；

④ 接地体在地面上必须设立标桩，标桩刷白底漆，标以黑色字样，以区别接地体的类别及编号。

（3）接地干线和接地体材料，见表3-14。

表 3-14　接地干线和接地体材料规格选用

材　料	地上（mm）		地下（mm）
	室内	室外	
扁钢	25×4	40×4	40×4
圆钢	$\phi8$	$\phi10$	$\phi16$
角钢			∠50×50×5
钢管			DN50

（4）不同类型接地引线的最小截面积。油库设备的保护接地，在不同位置可用不同类型的接地引线，其最小截面积见表 3-15。

表 3-15　不同类型接地线的最小截面积　　　　（单位：mm^2）

接　地　线	最小截面积		
	铜	铝	钢
明敷裸线	4	6	12
绝缘导线	1.5	2.5	—
电缆的接地芯线或与相线在同一外壳内的多芯导线的接地芯线	1.0	1.5	

5. 接地电阻值要求及土壤的电阻率

（1）接地电阻值要求，见表 3-16。

表 3-16　接地电阻值要求

接地电阻类型	接地体的接地电阻值（Ω）
仅作静电接地的接地装置	≤100
防静电与防感应雷接地装置共同设置	≤30
防雷保护接地	≤10
设备保护接地	≤4

（2）土壤的电阻率。土壤的电阻率是表明导电能力的性能参数，与设计接地体有关，常见土壤的电阻率见表 3-17。

6. 化学降阻剂简介

降低接地电阻的方法有加大或加多接地装置、更换土壤、在接地极周围加食盐或木炭等。上世纪 80 年代初开始应用化学降阻剂，82-Ⅱ型长效化学降阻剂和富兰克林-900 长效降阻剂。

82-Ⅱ型长效化学降阻剂用量：垂直电极为 100~150kg，水平电极为 300~400kg。

表 3-17 土壤的电阻率

名　　称	近似值	变动范围		
		较湿时（多雨区）	较干时（少雨区）	地下水含盐碱时
陶黏土	10	5～20	10～100	3～10
泥炭、沼泽地	20	10～30	50～300	3～10
捣碎的木炭	40	—	—	—
黑土、园田土、陶土、白恶土	50	30～100	50～300	3～10
	60	30～100	50～300	3～10
黏土	100			
砂质黏土	200	30～300	80～1000	3～10
黄土	300	10～200	250	30
含砂黏土、砂土	400	100～1000	>1000	30～100
多石土壤	500	—	—	—
上层红色风化黏土、下层红色页岩（相对湿度30%）	600			
表层土夹石、下层石子（相对湿度30%）	1000			
砂子、砂砾	1000	250～1000	1000～2500	
砂层深度大于10m，地下水较深的草原或地面黏土浓度层大于1.5m，底层多岩石的地区	5000			
砾石、碎石	0.01～1	—	—	—
金属矿石	40～50	—	—	—
水中的混凝土	100～200			
在湿土中的混凝土	500～1300			
在干土中的混凝土				

富兰克林-900 长效降阻剂用量，见表 3-18 和表 3-19。

表 3-18 垂直接地体用量

接地体长度（m）	0.5	1	1.5	2	2.5	3
降阻剂用量（kg）	2	4	6	8	10	12

表 3-19 水平接地体用量

接地体长度（m）	1	2	3	5	10	15	20	25
降阻剂用量（kg）	4～6	8～12	12～18	20～30	40～50	50～66	70～100	100～120

三、油库防静电设备器材

（一）消静电器

消静电器样品规格，见表3-20。

表3-20 消静电器样品规格

钢管直径（mm）	管长（mm）	电介质层厚（mm）	管线直径（mm）	通过流量（L/min）
194	1000	41	102	>200
184	800	36	102	>1000
159	1000	25	102	>1000

（二）缓和器

缓和器结构示意图，见图3-12。

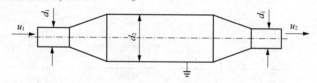

图3-12 缓和器结构示意图

u_1—进口流速；u_2—出口流速；d_1—进出口直径；d_2—缓和器直径

（三）静电缓和管

静电缓和的管长度及在管内滞留的时间是值得探讨的问题。油品经过滤器产生的静电需要经过多长管段或多长时间可以缓和达到安全，日本曾做过统计试验，得出6″、4″、3″管线所需的缓和长度分别为19m、43m、76m就够了。美国设计规范提出油品经过滤器后必须有30s以上的滞留时间（又称散驰时间），即必须在接地管道中继续流经30s以上再入油罐、油车、油船等储油容器内，才能始得安全。

（四）防静电塑料地板

在聚氯乙烯中加入合成导电剂等制成的防静电塑料地板，厚1.5mm，表面电阻低于1010Ω（普通聚氯乙烯地板为1015Ω），人在上面走，摩擦产生的微量静电，可能瞬时间导除、消除，不致打出火花。这种地板可供油库（站）0级场所选用。

（五）H-83型防静电油品测温采样绳

此绳直径为4mm，电阻值每2m小于104Ω，断裂强度大于30kg，绳长有15、20、25m三种为推荐选用产品。

（六）抗静电添加剂

抗静电添加剂的主要理化指标，见表3-21。

表3-21　抗静电添加剂主要理化指标

项　　目	英 ASA-3	国产 T1501
外　观	深绿色液体	深绿色液体
密度 ρ_{20}	0.90~0.95	0.93~0.95
25℃黏度（cm^2/s）	30~400	755~2836
0℃黏度（cm^2/s）	50~800	－
机械杂质		痕迹
水分		痕迹
铬含量（wt%）	0.4~0.7	0.61~0.72
钙含量（wt%）	0.4~0.7	0.46~0.72
铬与钙含量比	1:1	1:1
闪点（℃）	26	29

第三节　接地装置维护检修管理

一、接地装置分类

接地装置分类，见表3-22。

表3-22　接地装置分类

类　别		说　明	电阻值（Ω）
1. 电气系统接地	（1）工作接地	在正常或事故情况下，为保护电气设备的可靠运行，必须在电力系统中某点进行接地，称工作接地	4
	（2）保护接地	为防止因绝缘损坏而遭受触电危险，将电气设备带电部分相绝缘的金属外壳或构架同接地体之间进行良好的连接，称为保护接地	4
	（3）重复接地	将电力系统中的一点或多点与地再次作金属连接称为重复接地	10
	（4）接零	将与带电部分相绝缘的电气设备的金属外壳或构架与中性点直接接地系统中的零线相连称为接零	4

类　　别		说　　明	电阻值（Ω）
2. 防雷电接地	（1）防直接雷击接地	为防止直接雷击对设备和设施造成的危害，而设置的避雷针、消雷器，以防雷击金属设备为目的的专设的接地系统，称为防直接雷击接地	10
	（2）防雷电副作用接地	以防止雷电的感应及电磁感应危害为目的，对金属设备、金属管路、金属构架等进行可靠的电气连接并接地，称为防雷电副作用接地	4
3. 防静电危害接地		以防止静电危害为目的而进行的电气连接及接地装置称为防静电危害接地	100
4. 油库设备接地	（1）工作接地	以大地作为回路，或者采用接地方法来减小设备与大地间的相对电位的接地称为工作接地	30
	（2）保护接地	防止由于带电设备绝缘破坏而导致人身事故，将设备的机架、外壳等金属部分与大地之间构成电气连接并接大地，称为保护接地	4
	（3）屏蔽接地	为防止外来电磁和电气回路对电子设备的干扰而进行的电气隔离和接地称为屏蔽接地	20
	（4）过电压接地	为防止过电压对人身和设备的危害而进行的接地，如直接雷击、间接雷击、邻近强电流线路等	4

注：（1）表列电气系统的接地阻值仅适用于低压电气设备。
　　（2）电子设备的接地要求有较大差别，表列接地阻值仅为参考。

二、油库设备设施接地范围

（一）电气设备接地的范围
下列电气设备中的外露可导电部分均应可靠接地：
① 电动机、变压器及其他电器的金属底座或外壳；
② 配电、控制盘（台、箱）的框架；
③ 穿线的钢管、电缆铠装层、屏蔽层；
④ 防爆灯具、插销、开关、接线盒等小型电器设备（包括移动设备）的外壳；
⑤ 各种安装电器设备的金属支架。
（二）防雷电接地范围
下列设备应进行防雷电接地：
① 金属油罐；
② 输油管道；

③ 信息系统防雷要求；

④ 易燃油品泵房（棚）；

⑤ 可燃油品泵房（棚）；

⑥ 装卸油品鹤管和油品装卸栈桥；

⑦ 在爆炸危险区域内的输油（油气）管道；

⑧ 油库生产区的建筑物内 400V/230V 供配电系统。

（三）防静电接地范围

除已进行防雷电措施的设施、设备无需再做静电接地外，还应考虑的防静电接地的设施设备是：

① 金属油罐，输油管线，泵房工艺设备；

② 钢质栈桥，鹤管，铁路钢轨；

③ 铁路油罐车，汽车油罐车，油轮（驳）；

④ 零发油工艺设备，加油站工艺设备，灌桶设备，加油枪（嘴）；

⑤ 非金属油罐的外露金属构件、附件；

⑥ 金属管道；

⑦ 洗桶设备；

⑧ 人体排静电；

⑨ 油库局域网；

⑩ 信息设备。

三、接地系统技术要求

（一）通用技术要求

（1）油库低压供电宜采用 TN-S 系统接地的型式（见图 3-13）。爆炸危险场所必须设保护接地干线（网），且与变压器的中性点接地体连接成一体。接地干线（网）应在不同方向设置不少于两处的接地体；不得利用电气线路中的中性线作为保护接地线之用。

（2）爆炸危险场所的电气设备应采用专用的接地线，与保护接地干线（网）相连；该专用接地线若与相线敷设在同一根保护管内时，应具有与相线相等的绝缘。配线钢管、电缆铠装层等应作为辅助接地线。

（3）铠装电缆引入电气设备时，其专用接地线应与设备的内接地螺栓相连，电缆铠装层及金属外壳与设备的外接地螺栓连接，且电缆铠装层、金属外壳必须可靠接地。

（4）各电气设备的专用接地线必须并联于接地干线（网）。

（5）爆炸危险场所的电气设备接地，可与防静电、防感应雷共同设置接地装

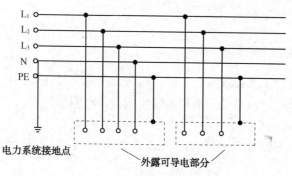

图 3-13　TN—S 系统接地

置，其接地电阻值应按电气设备要求，不大于 4Ω。但不得与独立避雷针、架空避雷线接地体共同设置，且两者相互间最小距离不应小于 3m。

（6）当多个接地装置构成接地网时，应设置便于测量分接地装置接地电阻的断接卡。断接点应标明连线去向。

（7）设备、管道等进行局部检修，可能造成有关物体电气接地断路或破坏等电位时，应事先做好临时性接地，检修完毕后应及时恢复。

（8）爆炸危险场所内的电气设备与接地线的连接，当采用多股软铜绞线时，其截面积不得小于 $4mm^2$。对易受机械损伤的部位应设保护管。

（二）信息系统防雷接地要求

（1）为减少雷电波沿配线电缆传入控制室，将信息系统击坏，装于地上钢油罐上的信息系统的配线电缆应采用屏蔽电缆。电缆穿钢管配线时，其钢管上下 2 处应与罐体做电气连接并接地。

（2）为防止雷电电磁脉冲过电压损坏信息装置的电子器件，油库加油站内信息系统的配电线路首末端需与电子器件连接时，应装设与电子器件耐压水平相适应的过电压保护（电涌保护）器。

（3）为了尽可能减少雷电波侵入避免发生雷电火花引发事故，油库加油站内的信息系统配线电缆，宜采用铠装或屏蔽电缆，电缆敷设宜埋于地下。电缆金属外皮两端及在进入建筑物处应接地。当电缆采用穿钢管敷设时，钢管两端及在进入建筑物处应接地。建筑物内电气设备的保护接地与防感应雷接地应共用一个接地装置，接地电阻值按其中的最小值确定。

（4）为防止信息装置被雷电过电压损坏，油罐上安装的信息系统装置，其金属外壳应与油罐作电气连接。

（5）因信息系统连线存在电阻和电抗，若连线过长，电压降过大，会产生反击，将信息系统的电子元件损坏。因此，油库加油站的信息系统接地，宜就近与接地连接。

四、接地装置的检查

油库各场所的接地装置检查，除应列为油库周、月检查的重要内容之外，应在每年雷、雨季节前，测量一次接地装置的接地电阻值。

（一）检查的主要项目

（1）检查引下线在距地面 2m 至地下 0.3m 一段的维护处理有无被破坏的情况。

（2）检查明装引下线有无在验收后又装设了交叉或平行的电气线路。

（3）检查断接卡子有无接触不良的情况。

（4）检查接地装置周围的土壤有无沉陷的现象。

（5）测量接地装置的接地电阻，如发现接地电阻值有很大变化时，应对接地系统进行全面检查，必要时可补设电极。

（6）检查有无因挖土、敷设管道或种植树木而挖断接地装置的情况。

（二）检测点的设置

油库接地装置检测点设置要求，见表 3-23。

表 3-23　油库接地装置检测点设置（供参考）

接地设备名称	作用及要求	点数	电阻值（Ω）
地上、埋地钢油罐防雷	防雷（罐体两端）	2 处/每罐	≤10
	防雷（罐体、孔盖、阻火器）	1 处/每罐	≤10
房、棚	避雷带（每 18～24m，应采用引下线接地一次）	2 处/座	≤10
地上或管沟管线	始、末端	2 处/条	≤30
钢质油罐	地上罐体做接闪器	≤2 处/罐	≤10
覆土油罐	罐体、呼吸间电气连接，并在罐底部接地	1 处/罐	≤10
洞库口独立避雷针	呼吸管上方 2m 高，防雷	1 处	≤10
洞库外管线埋地长不足 50m 时	接地两处（间距小于 100m）	2 处	≤20
铠装电缆入洞库	除阀型避雷器外，应做电气连接（罐、铁脚、电缆外皮）并接地	1 处	≤10
地上或管沟管线	始、末端、分支处；直管段每 200～300m（固定管座处）	1 处	≤30
爆炸危险场所管线	地上管线 20～25m 处接地	1 处	≤30

接地设备名称	作用及要求	点数	电阻值（Ω）
独立避雷塔（针）		1处	≤10
独立烟窗		1处	≤10
防静电跨线及接地，卸油场地	防静电	1处/罐	≤100
内浮顶油罐的罐顶	浮盘与罐体跨线25mm²钢绞线		跨线≤0.03
微机计量等钢管电线或电缆	做电气连接；跨线；埋地长度不应小于50m		≤10
铁路罐油设施（钢轨、管线、鹤管、栈桥作三处以上跨线）	电气连接，并接地（截面积不小于48mm²）		≤10
进入库区的铁路专用线	每隔200m接地一次，每季测一次		≤10
卸汽车罐车场地	防静电		≤100
发油场地（轻油）	防静电	1处/每组鹤管	≤100
位于爆炸危险场所净距小于100m的平等管线	每隔20～30m用金属导线跨接一次，防雷电感应	1处/20～30	跨线≤0.03
其他接地，如油泵、风机、电器等设备	底座及接线盒均应良好接地	1	≤4

（三）测量接地装置接地电阻时的安全规定

在爆炸危险场所进行测量时应先进行油气浓度测试，当油气浓度低于爆炸下限的20%时，方允许进行接地电阻的测试。

五、接地装置检修周期和项目

接地装置检修周期与项目，见表3-24。

表3-24　接地装置检修周期与项目

检修类别	小修	中修	大修
检修周期（年）	1	3～5	10～15
检修项目	（1）检修地面引线的连接点、螺栓和防腐情况。 （2）测量接地阻	（1）更换已损坏的连接片及螺栓，对腐蚀截面大于原截面1/3的地面引线采用并接线加强措施，并重刷防腐涂料。 （2）视情况抽查地引线的腐蚀情况，检查范围为入土段不少于0.5～1m	（1）完成中修项目。 （2）视情况更换地面引线、埋地引线及连接片、连接点。 （3）抽查接地体的腐蚀情况（垂直接地体宜挖至裸露0.3m处），当腐蚀截面大于原截面的1/2时，需更换接地体或在旁边打入新接地体。 （4）经检查确认接地装置良好，可延长大修周期，但必须做详细记录

六、接地装置检修技术与质量标准

（一）检修技术要求

（1）接地装置用的紧固件，除地脚螺栓外，均应镀锌。接地装置宜采用钢材，在腐蚀性较强的场所宜采用热镀锌的钢接地体或适当加大截面。

（2）埋地引线与接地体的连接应采用搭接焊，其焊接长度应满足以下规定。

① 扁钢宽度的 2.5 倍（且至少 3 个棱边焊接）。

② 圆钢直径的 6 倍。

③ 圆钢与扁钢连接时，为圆钢直径的 6 倍。

④ 扁钢与钢管（或角钢）焊接时，应在其接触部位两侧进行焊接，并焊以由钢带弯成的弧形或直角形卡子，或直接由扁钢本身弯成弧形 或直角形与钢管或角钢焊接。

（3）埋地引线与地面引线的连接采用螺栓连接。

① 接触面积与螺栓规格，见表 3-25。

表 3-25　引线接触面积与螺栓规格

使用场合	室内		室外		
接触面积（mm²）	400	625	900	1600	2500
螺栓规格	M8	M10	M12	M16	M20

② 地面引线、埋地引线检修后均应除锈、涂漆防腐处理。当腐蚀截面大于原截面 1/3 时，可采用并接线加强，其截面不少于原引线截面，且材质应相同。

③ 接地装置检修时应采取临时接地措施（接入接地干线）。

（二）质量标准

（1）检修所更换的接地装置的导体截面与材质均应符合原设计要求。

（2）焊接必须牢固，无虚焊、松脱，焊缝高应不小于 4mm。

（3）用螺栓连接的连接点接触面必须良好，螺栓必须紧固。

（4）接地装置的接地电阻必须符合规定值。

七、油库接地系统的管理

油库接地系统的管理是保证接地系统技术状态完好与可靠运行的重要条件，也是保证油库整体防爆性能良好的重要条件。因此，油库必须做好接地系统的日常检查维护、定期检测和信息资料的管理。

（一）接地电阻及测量要求

（1）接地电阻的要求：

① 变压器中性点接地系统中性接地点，其接地点电阻值不大于4Ω。

② 设备保护接地点，其接地电阻值不大于4Ω。

③ 重复接地点，其接地电阻不大于10Ω。

④ 仅作静电接地的接地装置，其接地体的接地电阻应不大于100Ω。

⑤ 与防感应雷接地装置共同设置时，其接地电阻不大于10Ω。

⑥ 信息系统单独接地时，其接地电阻值不大于4Ω；联合接地时，其接地电阻值不大于1Ω。

（2）油库应建立接地分布图及技术档案，详细记载接地点的位置、接地体的形状、材质、数量和埋设情况等。

（3）每年春、秋季应对各接地体电阻进行测量，并记入技术档案。如接地电阻不合格时，应立即检修。

（4）测量接地电阻时，必须将接地体与接地干线断开，单独测量接地体的接地电阻，测量点必须设在非爆炸危险场所。

（二）防静电接地的运行管理

（1）油库必须对全体工作人员进行防静电危害安全教育，在每年的业务训练中安排相应训练内容。油库规章制度、设备检查、安全评比都要有防静电方面的具体内容。

（2）油库技术部门应了解油库所储油品的静电特性参数，并掌握测量方法。了解静电危害的安全界限及减少静电产生的措施。

（3）所有防静电设施、设备必须有专人负责定期检查、维修，并建立设备档案。静电防护用品应符合国家有关规范规定，不得使用伪劣、无合格证号或过期失效产品。

（4）油库必须配备静电测试仪表，根据不同环境条件及对象，进行静电产生状况普查和检测，并针对实际存在的问题，制定整改及预防措施。

（5）及时检查、清除油罐（舱）内未接地的浮动物。

（6）在爆炸危险场所，作业人员必须使用符合安全规定的防静电劳动保护用品和工具；严禁在爆炸危险场所穿、脱、拍打任何服装，不得梳头和互相打闹。

（7）落实好防静电措施。主要有减少静电产生、促进静电流散、避免火花放电等三个方面。

（三）防雷电接地的运行管理

为使防雷装置的保护功能可靠，不仅要设计合理、施工正确，还必须适时维修、测试。每年雷暴日到来之前进行定期检查测试，特殊情况及时检查测试。其主要内容包括以下三个方面。

1. 避雷针的检查

（1）接闪器有无因雷击而熔化或折断。避雷器瓷套有无裂缝、碰伤，并按规定进行预防性测试。

（2）引下线有无锈蚀、机械损伤、折断等情况，锈蚀使截面减小30%以上时必须更换。

（3）引下线在地面以上2m至地下0.3m有无被破坏情况。

（4）"断接卡"连接处有无接触不良，接地装置周围土壤是否沉陷。

（5）维修建筑物、设备及建筑物本身变形时，防雷装置的保护功能是否变化。

（6）有无因挖土、植树等动土作业将接地装置毁坏。

（7）检测全部防雷装置的接地电阻是否符合规定值。

2. 避雷器的检查

（1）巡视检查电气设备时要检查避雷器上端引线和下端接地线是否良好，有无断开现象（绝不能断开）。

（2）每次出现雷电活动后，应检查避雷器的瓷管表面有无闪络痕迹（损坏），计数器是否动作，并记录动作次数。

（3）避雷器每年雷雨季节过后，应送电力部门进行电气试验，合格后第二年雷雨季节之前装上，并测定绝缘，绝缘值不低于1MΩ。

3. 控制油品、油气

控制油品流失及减少油气逸散、积聚。雷雨时，停止通风、收发油、测量等作业，盖好油罐与大气相通的孔口，并将有关设备的电源开关拉开。这些也是预防雷电危害必不可少的环节。

第四章 油库爆炸性危险场所划分

油库爆炸性危险场所划分是油库安全管理的重要内容，油库工作者必须了解和掌握，以便在运行中采取相应的防爆措施。

第一节 爆炸性混合物环境及区域划分

划分爆炸危险区域的意义在于，确定易燃油品设备周围可能存在爆炸性气体混合物的范围，要求布置在这一区域内的电气设备具有防爆功能，使可能出现的明火或火花避开这一区域。为了对防爆电气提出不同程度的防爆要求，将爆炸危险区域划分为不同的等级。

与爆炸性危险区域划分相关概念的含义见表4-1。

表4-1 划分爆炸性危险区域相关概念的含义

名　称		含　义	说　明
爆炸性气体环境		在大气条件下，可燃气体或蒸气与空气的混合物引燃后，能够保持燃烧自行传播的环境	
危险场所		爆炸性气体环境出现或预期可能出现的数量达到足以要求对电气设备的结构、安装和使用采取专门措施的区域	
非危险场所		爆炸性气体混合物预期不会大量出现以致不要求对电气设备的结构、安装和使用采取专门预防措施的区域	
区域	0区	爆炸性气体混合物连续出现或长时间存在的场所	根据爆炸性气体环境出现的频率和持续时间把危险场所分为三个区域
	1区	在正常运行时，可能出现爆炸性气体混合物的场所	
	2区	在正常运行时，不可能出现爆炸性气体混合物，如果出现也是偶尔发生并且仅是短时间存在的场所	
释放源		可燃性气体、蒸气或液体可能释放出能形成爆炸性气体混合物的部位或地点	为尽量减少产生爆炸性气体环境的可能性，把释放源分为下列三个基本等级：连续级、1级和2级。释放源可能会导致三种释放源等级中的任何一种释放源或一种以上释放源的组合
释放源的等级	连续级释放源	连续释放或预计长期释放的释放源	
	一级释放源	在正常运行时，预计可能周期性或偶尔释放的释放源	
	二级释放源	在正常运行时，预计不可能释放，如果释放也仅是偶尔和短期释放的释放源	
释放速率		单位时间从释放源中散发出可燃性气体或蒸气的数量	

续表

名　　称		含　　义	说　　明
正常运行		指设备在其设计参数范围内的运行状况。 (1)可燃性物质少量释放可看作是正常运行。例如：靠泵输送液体时从密封口释放可看作是少量释放。 (2)泵密封件、法兰密封垫的损坏或偶然产生的漏泄等故障，包括紧急维修或停机都不能看作是正常运行	
通风		由于风力、温度梯度或人工通风(如风扇或排气扇)作用可造成的空气流通和新鲜空气与原来空气置换	
爆炸极限	爆炸下限（LEL）	空气中的可燃性气体或蒸气的浓度低于该浓度则气体环境就不能形成爆炸	
	爆炸上限（UEL）	空气中的可燃性气体或蒸气的浓度高于该浓度则气体环境就不能形成爆炸	
气体或蒸气的相对密度		在同样压力和温度下气体或蒸气的密度相对于空气的密度(空气相对密度为1.0)	
可燃性物质		本身是可燃性的或能够产生可燃性气体、蒸气或薄雾的物质	
可燃液体		在任何可预见的运行条件下，能够产生可燃性蒸气或薄雾的液体	
可燃性气体或蒸气		以一定比例与空气混合后，将会形成爆炸性气体环境的气体或蒸气	
可燃性薄雾		在空气中挥发能形成爆炸环境的可燃性液体微滴	
闪点		在标准条件下，使液体变成蒸气的数量能够形成可燃性气体/空气混合物的最低液体温度	
沸点		在大气压力为101.3kPa范围内液体沸腾时的温度。对于液体混合物使用初始沸点。初始沸点用来表示某一液体范围的最低沸点值。该沸点值的测定是在标准室内进行蒸馏而不发生分解时测得	
蒸气压力		当固体或液体与其自身蒸气相平衡时施加的压力，这是物质和温度的作用	
爆炸性气体环境的点燃温度		可燃性气体或蒸气与空气形成的混合物，在规定条件下被热表面引燃的最低温度	

一、爆炸性气体混合物环境及区域划分

（一）爆炸性气体混合物环境存在的条件

（1）在大气条件下，有可能出现易燃气体、易燃液体的蒸气或薄雾等易燃物

质与空气混合形成爆炸性气体混合物的环境。

（2）闪点低于或等于环境温度的可燃液体的蒸气或薄雾与空气混合形成爆炸性气体混合物的环境。

（3）在物料操作温度高于可燃液体闪点的情况下，可燃液体有可能泄漏时，其蒸气与空气混合形成爆炸性气体混合物的环境。

（二）爆炸性气体混合物环境的分区

爆炸性气体混合物环境的分区是根据爆炸性气体混合物出现的频繁程度和持续时间确定的。国家标准 GB 50058—2014《爆炸危险环境电力装置设计规范》将爆炸性气体环境划分为三级危险区域，见表4-2。

表4-2 爆炸性气体危险环境划分区域特征及区域符号

区域符号	区域特征
0区	在正常情况下，爆炸性混合气体连续地、短时间地频繁出现或长时间存在的场所
1区	在正常情况下，爆炸性混合气体有可能形成、积聚的场所
2区	在正常情况下，爆炸性混合气体不能出现，但不正常情况下偶尔或短时间出现的场所

注：（1）正常情况是指设备设施的正常启动、停止、运行以及正常的装卸、测量、取样等作业活动。

（2）不正常情况是指设备设施发生故障、检修拆卸、检修失误以及误操作等。

（三）危险物质释放源

可释放出能形成爆炸性混合物的物质所在位置或地点称为危险物质释放源。GB 50058—2014《爆炸危险环境电力装置设计规范》将危险物质释放源分为三级。

1. 连续级释放源

预计会长期释放或短期频繁释放易燃物质的释放源。类似下列情况的，可划为连续级释放源。

（1）没有用惰性气体覆盖的固定顶储罐及卧式储罐中的易燃液体的表面；

（2）油水分离器等直接与空气接触的易燃液体的表面；

（3）经常或长期向空间释放易燃气体或易燃液体的蒸气的自由排气孔或其他孔口（如易燃液体储罐的通气孔、盛装易燃液体的油罐车的加油口等）。

2. 一级释放源

预计正常运行时会周期或偶尔释放易燃物质的释放源。类似下列情况的，划为一级释放源。

（1）正常运行时会释放易燃物质的泵、压缩机和阀门的密封处。

（2）正常运行时会向空间释放易燃物质，安装在储有易燃液体的容器上的排水系统。

（3）正常运行时会向空间释放易燃物质的取样点。

3. 二级释放源

预计正常运行时不会释放易燃物质，即使释放也仅是偶尔短时释放易燃物质的释放源。类似下列情况的，划为二级释放源。

（1）正常运行时不能释放易燃物质的泵、压缩机和阀门的密封处。

（2）正常运行时不能释放易燃物质的法兰、连接件和能拆卸的管道接头。

（3）正常运行时不能释放易燃物质的安全阀、排气孔或其他孔口。

（四）危险物质释放源与爆炸危险区域的关系

爆炸危险区域与释放源密切相关。可按下列危险物质释放源的级别划分爆炸危险区域。

（1）存在连续级释放源的区域可划为 0 区。

（2）存在一级释放源的区域可划为 1 区。

（3）存在二级释放源的区域可划为 2 区。

（五）通风条件与爆炸危险区域的关系

在不同的通风条件下，爆炸危险区域会发生变化。

（1）当通风良好时，爆炸性混合物不易积聚，应降低爆炸危险区域等级；当通风不良时，爆炸性混合物容易积聚，应提高爆炸危险区域等级。

（2）局部机械通风在降低爆炸性气体混合物浓度方面比自然通风和一般机械通风更为有效时，可采用局部机械通风降低爆炸危险区域等级。

（3）在障碍物、凹坑和死角处容易积聚爆炸性混合物，应局部提高爆炸危险区域等级。利用堤、墙等障碍物，限制比空气重的爆炸性气体混合物的扩散，可缩小爆炸危险区域的范围。

二、火灾危险环境区域划分

划分火灾危险区域的意义在于，要求布置在这一区域内的电气设备具有一定的防护功能以及采取其他适当的防火措施。根据可燃物质的特性，将火灾危险环境划分为 3 个区域，是为了对电气设备提出适当的防护要求。

对于生产、加工、处理、转运或储存过程中出现或可能出现火灾危险物质的环境，称为火灾危险环境。在火灾危险环境中能引起火灾危险的可燃物质有以下四种。

（1）可燃液体，如柴油、润滑油、变压器油、重油等。

（2）可燃粉尘，如铝粉、焦炭粉、煤粉、面粉、合成树脂粉等。

（3）固体状可燃物质，如煤、焦炭、木材等。

（4）可燃纤维，如棉花纤维、麻纤维、丝纤维、毛纤维、木质纤维、合成纤维等。

根据火灾事故发生的可能性和后果、危险程度及物质状态的不同，GB 50058—2014《爆炸危险环境电力装置设计规范》将火灾危险环境划分为3个危险区域，见表4-3。

表4-3　火灾危险环境划分区域特征及区域符号

符 号	区 域 特 征	举 例
21区	生产、加工、使用、储存闪点高于环境温度的可燃液体，且在数量和配置上能引起火灾危险的场所	油库中储存的柴油、润滑油、重油等闪点大于45℃的油品
22区	在生产过程中，悬浮状的可燃粉尘或纤维不能与空气形成爆炸性混合物，在数量和配置上能引起火灾危险的场所	
23区	固体可燃物(煤、木、布、纸等)在数量和配置上能引起火灾的危险场所	

第二节　油库爆炸危险区域等级范围

由于爆炸性混合气体可在气体空间漂移，有可能侵入相邻建(构)筑物，因此与具有爆炸危险场所相邻的建(构)筑物也应划定危险等级。

油库爆炸危险场所区域等级范围的划分，主要根据爆炸性混合气体形成、积聚的可能性和危险程度，以及油气扩散的范围而确定。其等级范围的大小用图例表示。

爆炸危险区域等级图例见表4-4。

表4-4　爆炸危险区域等级图例表

危险场所名称	0级区域	1级区域	2级区域
图 例			

注：易燃设施的爆炸危险区域内地坪以下的坑、沟划为1区。

参考 GB 50074—2014《石油库设计规范》"附录 B"爆炸危险区域等级范围划分见表4-5。

表 4-5　油库爆炸危险区域等级范围图表

场　　　所	防爆等级划分示意图	危险区域范围
储存易燃液体的地上固定顶储罐		(1)罐内未充惰性气体的液体表面以上空间划为 0 区。 (2)以通气口为中心，半径为 1.5m 的球形空间划为 1 区。 (3)距储罐外壁和顶部 3m 范围内及防火堤至罐外壁，其高度为堤顶高的范围划为 2 区
储存易燃液体内浮顶罐		(1)浮盘上部空间及以通气口为中心，半径为 1.5m 范围内的球形空间划为 1 区。 (2)距储罐外壁和顶部 3m 范围内及防火堤至储罐外壁，其高度为堤顶高的范围划为 2 区
储存易燃液体外浮顶罐		(1)浮盘上部至罐壁顶部空间为 1 区。 (2)距储罐外壁和顶部 3m 范围内及防火堤至罐外壁，其高度为堤顶高的范围内划为 2 区
储存易燃液体的地上卧式罐		(1)罐内未充惰性气体的液体表面以上的空间划为 0 区。 (2)以通气口为中心，半径为 1.5m 的球形空间划为 1 区。 (3)距罐外壁和顶部 3m 范围内及罐外壁至防火堤，其高度为堤顶高的范围划为 2 区
储存易燃液体的覆土卧式罐		(1)罐内部液体表面以上的空间应划分为 0 区。 (2)人孔(阀)井内部空间，以通气管管口为中心、半径为 1.5m(0.75m)的球形空间和以密闭卸油口为中心、半径为 0.5m 的球形空间，应划分为 1 区。 (3)距人孔(阀)井外边缘 1.5m 以内、自地面算起 1m 高的圆柱形空间，以通气管管口为中心、半径为 3m(2m)的球形空间和以密闭卸油口为中心、半径为 1.5m 的球形并延至地面的空间，应划分为 2 区。 注：采用油气回收系统的储罐通气管管口爆炸危险区域用括号内数字

场　　所	防爆等级划分示意图	危险区域范围
易燃液体泵房、阀室		（1）易燃液体泵房和阀室内部空间划为1区。 （2）有孔墙或开式墙外与墙等高、L_2范围以内且不小于3m的空间及距地坪0.6m高、L_1范围以内的空间划为2区。 （3）危险区边界与释放源的距离应符合表4-6的规定
易燃液体泵棚、露天泵站		（1）以释放源为中心，半径为R的球形空间和自地面算起高为0.6m、半径为L的圆柱体的范围划为2区。 （2）危险区边界与释放源的距离应符合表4-7的规定
易燃液体灌桶间	 $L_2 \leqslant 1.5$m时，$L_1 = 4.5$m； $L_2 > 1.5$m时，$L_1 = L_2 + 3$m。	（1）桶内液体表面以上的空间划为0区。 （2）灌桶间内空间划为1区。 （3）有孔墙或开式墙外距释放源L_1距离以内、与墙等高的室外空间和自地面算起0.6m高、距释放源7.5m以内的室外空间划为2区
易燃液体灌桶棚或露天灌桶场所		（1）桶内液体表面以上空间划为0区。 （2）以灌桶口为中心、半径为1.5m的球形并延至地面的空间划为1区。 （3）以灌桶口为中心、半径为4.5m的球形并延至地面的空间划为2区
易燃液体重桶库房		建筑物内空间及有孔或开式墙外1m与建筑物等高的范围内划为2区

场　　所	防爆等级划分示意图	危险区域范围
易燃液体汽车罐车棚、重桶堆放棚		棚的内部空间划为2区
铁路罐车、汽车罐车卸易燃液体时		(1)罐车内的液体表面以上空间划为0区。 (2)以卸油口为中心、半径为1.5m的球形空间和以密闭卸油口为中心、半径为0.5m的球形空间划为1区。 (3)以卸油口为中心、半径为3m的球形并延至地面的空间，以密闭卸油口为中心、半径为1.5m的球形并延至地面的空间划为2区
铁路罐车、汽车罐车敞口灌装易燃液体时		(1)油罐车内液体表面以上空间划为0区。 (2)以罐车灌装口为中心、半径为3m的球形并延至地面的空间划为1区。 (3)以灌装口为中心、半径为7.5m的球形空间和以灌装口轴线为中心线、自地面算起高为7.5m、半径为15m的圆柱形空间划为2区
铁路罐车、汽车罐车密闭灌装易燃液体时		(1)罐车内部的液体表面以上空间划为0区。 (2)以罐车灌装口为中心、半径为1.5m的球形空间和以通气口为中心、半径为1.5m的球形空间划为1区。 (3)以罐车灌装口为中心、半径为4.5m的球形并延至地面的空间和以通气口为中心、半径为3m的球形空间，应划为2区
油船、油驳敞口灌装易燃液体时		(1)油船、油驳内的液体表面以上空间划为0区。 (2)以油船、油驳的灌装口为中心、半径为3m的球形并延至水面的空间划为1区。 (3)以油船、油驳的灌装口为中心、半径为7.5m并高于灌装口7.5m的圆柱形空间和自水面算起7.5m高，以灌装口轴线为中心线、半径为15m的圆柱形空间划为2区

续表

场　　所	防爆等级划分示意图	危险区域范围
油船、油驳密闭灌装易燃液体时	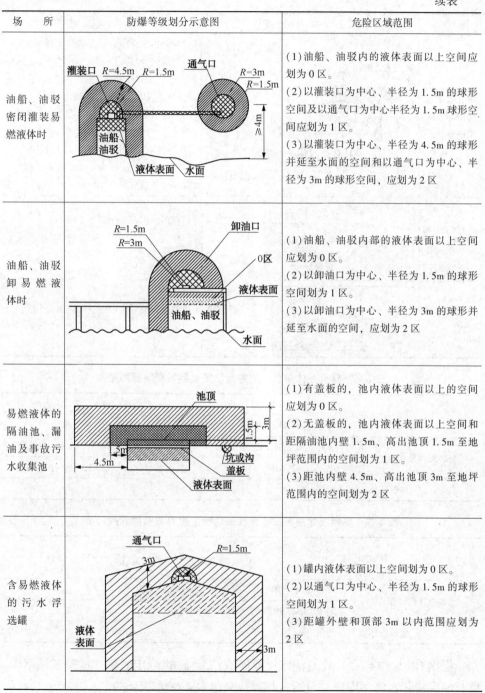	（1）油船、油驳内的液体表面以上空间应划为0区。 （2）以灌装口为中心、半径为1.5m的球形空间及以通气口为中心半径为1.5m球形空间应划为1区。 （3）以灌装口为中心、半径为4.5m的球形并延至水面的空间和以通气口为中心、半径为3m的球形空间，应划为2区
油船、油驳卸易燃液体时		（1）油船、油驳内部的液体表面以上空间应划为0区。 （2）以卸油口为中心、半径为1.5m的球形空间划为1区。 （3）以卸油口为中心、半径为3m的球形并延至水面的空间，应划为2区
易燃液体的隔油池、漏油及事故污水收集池		（1）有盖板的，池内液体表面以上的空间应划为0区。 （2）无盖板的，池内液体表面以上空间和距隔油池内壁1.5m、高出池顶1.5m至地坪范围内的空间划为1区。 （3）距池内壁4.5m、高出池顶3m至地坪范围内的空间划为2区
含易燃液体的污水浮选罐		（1）罐内液体表面以上空间划为0区。 （2）以通气口为中心、半径为1.5m的球形空间划为1区。 （3）距罐外壁和顶部3m以内范围应划为2区

续表

场　所	防爆等级划分示意图	危险区域范围
储存易燃油品的覆土立式油罐	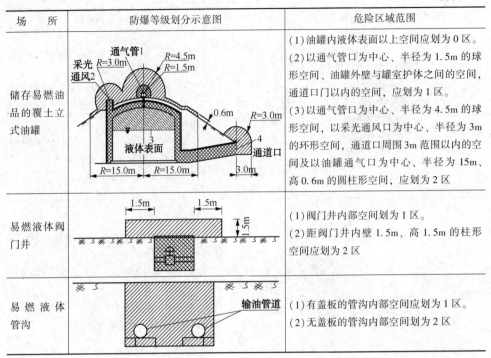	(1)油罐内液体表面以上空间应划为 0 区。 (2)以通气管口为中心、半径为 1.5m 的球形空间、油罐外壁与罐室护体之间的空间，通道口门以内的空间，应划为 1 区。 (3)以通气管口为中心、半径为 4.5m 的球形空间，以采光通风口为中心、半径为 3m 的环形空间，通道口周围 3m 范围以内的空间及以油罐通气口为中心、半径为 15m、高 0.6m 的圆柱形空间，应划为 2 区
易燃液体阀门井		(1)阀门井内部空间划为 1 区。 (2)距阀门井内壁 1.5m、高 1.5m 的柱形空间应划为 2 区
易燃液体管沟		(1)有盖板的管沟内部空间应划为 1 区。 (2)无盖板的管沟内部空间划为 2 区

表 4-6　易燃液体泵房、阀塞危险区边界与释放源的距离

释放源名称		距离(m)	
		L_1	L_2
易燃液体输送泵	工作压力≤1.6MPa	L+3	L+3
	工作压力>1.6MPa	15	L+3，且不小于 7.5
易燃液体法兰、阀门		L+3	L+3

表 4-7　易燃液体泵棚、露天泵站危险区边界与释放源的距离

释放源名称		距离(m)	
		L	R
易燃液体输送泵	工作压力≤1.6MPa	3	1
	工作压力>1.6MPa	15	7.5
易燃液体法兰、阀门		3	1

　　根据 GB 50074—2014《石油库设计规范》"附录 B"划定的爆炸危险区域范围，结合油库实际，将油库爆炸危险区域等级列于表 4-8 和表 4-9。

表 4-8　油库爆炸危险区域等级

序　号	场 所 名 称	危险区域等级	备　　注
1	轻油洞库主巷道、上引道、支巷道、罐室、操作间、风机室	1	
2	洞内汽油罐室以量油口为中心，以半径 3m 的球形空间以内	0	不得安装固定照明设备
3	洞内柴油、煤油罐间	1	不宜安装固定照明设备
4	轻油覆土罐罐室、巷道	1	不得安装固定照明设备
5	轻油泵房(含地下、半地下、地面泵房)	1	不含敞开式地面泵棚
6	柴油、煤油泵房	2	
7	汽油灌桶间	0	不应安装固定照明设备
8	柴油、煤油灌桶间(含室内、室外)	1	
9	敞开式轻油灌油亭、间、棚	1	
10	轻油铁路装卸油区(含隧道铁路装卸油整条隧道区)	1	
11	汽油泵棚、露天汽油泵站	2	棚是指敞开式，四面无墙
12	地面油罐、半地下油罐、放空罐、高位罐的呼吸阀、量油口等呼吸管道口，以半径为 1.5m 的球形空间	1	
13	轻油洞库通风、透气管口，以半径为 3m 的球形空间以内	1	
14	轻油桶装库房及汽车油罐车库	1	
15	码头装卸油区	2	不含专设丙类油品装卸码头
16	阀组间、检查井、管沟	2	有盖板的应为 1 区
17	修洗桶间、废油回收间及喷漆间	2	
18	乙炔发生器间	1	不宜安装固定电气设备
19	油品试样间	2	
20	乙炔气瓶储存间，氧气瓶储存间	2	
21	废油更生厂(场)的废油储存场	2	
22	露天桶装轻油品堆放场	2	

注：(1) 储存易燃油品的油罐通气口 1.5m 以内的空间为 1 区，罐外壁和顶部 3m 范围内及防火堤内高度等于堤高的空间，应划为 2 区；储存易燃油品的罐内空间应划为 0 区。

(2) 以装运易燃油品铁路油罐车、汽车油罐车和油船注入口为中心，以半径为 3m 的球形空间为 1 区，3～7.5m 和自地面算起高 7.5m，半径为 15m 的圆柱形空间划为 2 区。

(3) 在爆炸危险场所内，通风不良的死角、沟坑等凹注处应划为 1 区。

表4-9　爆炸危险场所相邻场所等级划分

爆炸危险区域等级	用有门的墙隔开的相邻区域		
	一道有门的隔墙	两道有门的隔墙	一道无门的隔墙
0 区	0 区	1 区	2 区
1 区	2 区	非爆炸危险场所	非爆炸危险场所
2 区	非爆炸危险场所		

注：（1）门、墙，应当用非燃材料制成。

（2）隔墙应为实体的，两面抹灰，密封良好。

（3）两道隔墙、门之间的净距离不应小于2m。

（4）门应有密封措施，且能自动关闭。

（5）隔墙上不应开窗。

（6）隔墙下不允许有地沟、敞开的管道等连通。

按照爆炸危险场所的定义和 GB 50074—2014《石油库设计规范》的规定，洞库罐室密闭门以内应划为 1 区而门外是 2 区，通风不良时将整条洞划为 1 区。但基于以下原因将整条轻质油品洞库划为 1 区。

（1）洞库是油库的最重要的部分，一旦发生事故损失大、影响大。

（2）油库目前计量手段还比较落后，还有相当一部分油库必须上罐打开量油口测量，致使油气大量外溢；加之许多油罐、管线都到了设备多发故障期，通风设备不能保证有效的驱散油气。

（3）有的洞库虽然储存航煤、柴油，一时虽无严重危险性，一旦洞内换装汽油，则严重影响洞库安全。而电气设备一旦安装完毕，平时只是加强管理保养，一般不再做重大更新改造，若按低等级设计安装，势必给今后使用管理带来很大不便。就是不换装油品，平时的涂装作业也存在着爆炸性气体。如某洞库爆炸，其爆炸性气体来源并不是所储油品，而是涂料。

（4）在电气设备选型投资方面，1 区与 2 区并无明显差别，不会造成过多的经济负担。

第三节　爆炸性混合气体的形成及判断

在油库爆炸危险区域，给一个精确范围不是容易的事。因为有许多可变因素影响着爆炸性混合气体形成和漂移。但是，通过利用已经取得的试验成果和经验，对油库爆炸性混合气体出现的范围，或者可能变成危险区域的范围，做出合理评价是可能的。这种评价已由《爆炸危险环境电力装置设计规范》《石油库设计规范》，以及行业、部门的有关标准加以规定。在实际中如何理解和运用"规范"

要求，并结合当时当地的具体实际，做出准确判断，是油库作业活动中经常遇到的问题。

一、油气释放源及爆炸性混合气体形成的途径

在油库中，凡是能向大气中排放或逸散油气的设备、设施、管网都应视为油气释放源。另外，在事故条件下失控的油品也应作为油气释放源看待。油气释放源主要包括以下几个方面。

（1）敞开状态下经常释放油气的设备和设施。如敞开的储油容器，或管理和技术缺陷致使储油容器的测量孔、人孔关闭不严、不关闭或未加口盖；呼吸阀故障，液压安全阀缺油等，使储油容器与大气直通，经常有油气向大气中排放。

（2）储输油设备和设施上设置的孔口。如储油罐呼吸系统排气口、真空系统排气口、消气器排气口、装卸油鹤管口，以及通风系统排气口等，在油库正常运行、作业活动中都有油气向大气释放。

（3）作业活动打开的孔口。因油库作业活动的需要，将储输油设备和设施孔口打开或拆卸检修。如测量孔、装卸油口（铁路油罐车、汽车油罐车、油船的人孔，以及油桶、油箱的加油口等）、储油罐的人孔和采光孔，以及检修设备、设施、管网等拆卸开的孔口，都会有油气向大气逸散。

（4）封闭状态的孔口或部位。正常情况下有可能渗漏少量油气。如油泵、阀门盘根，以及储输油设备和设施允许开关的孔口，即使处于封闭状态，也会有少量油气向大气泄漏。

（5）储输油设备设施、管网连接部位。储输油设备、设施、管网的附件及连接件的连接部位，仪器仪表的连接部位，通常也会有微量油气向大气中泄漏散发。

（6）事故条件下油品与油气失控。在事故或故障条件下（储输油设备设施的滴漏渗和油品失控，设备和设施损坏等），油品蒸发或油气失控，向大气排放逸散。

上述列举的各种情况，在正常或不正常情况下，向大气释放油气，有可能与空气混合形成爆炸性混合气体。

二、爆炸性混合气体形成的因素

（一）爆炸性混合气体形成的一般性因素

油气释放源的存在，并不意味着都能形成爆炸性混合气体，在具体判断时，应结合当时当地的具体实际，分析爆炸性混合气体形成的因素。

（1）油气释放量的影响。油库油气释放大都是以油气与空气的混合状态排

出，其油气浓度只有 60%~70%。释放的混合气体中油气浓度愈高，达到可燃浓度的混合气体扩散的距离也就愈远。如释放源散发的油气浓度为 100%，用空气稀释到可燃浓度，要比油气浓度为 50% 的所需空气量大得多。一般来说，油品温度高于它的闪点温度时，危险区域半径大致与油气压力的平方根成正比。在其他条件相同的情况下，连续泄漏比间歇泄漏油气扩散的距离远。

（2）油气排出速度的影响。相同浓度的油气混合气体排出，排出速度快的比排出速度慢的油气含量多。但排出速度快，携带空气多、距离远，使高浓度油气混合气体很快稀释。反之，排出速度慢动能小，易于积聚，不易扩散。

（3）风向和风速的影响。空气绝对静止的条件是不存在的。在沿着风轴线运动方向，随着风速的增加，油气浓度要减少。只要有比微风稍大些的风，都将引起油气很快扩散。风不仅是带着油气沿一个方向运动，而且以涡流和旋涡的形式，席卷着油气向上和两边运动，从而使油气与空气进一步混合。在油气释放源的逆风方向，要测量到任何浓度的油气几乎是不可能的。但风向可能突然改变，故释放源周围都应视为爆炸性混合气体存在。另外，当风碰到障碍时，会产生低压区。在这个区域内，风会发生反向流动。在这种情况下，油气不会沿着风的主流方向运动，而是随风的反向流动。如果遇到建（构）筑物开着的门、窗、孔、洞等，则可侵入其内部，积聚而形成爆炸性混合气体。

（4）油气密度的影响。油气密度比空气大，在静止的空气中，排出的油气有向外和向下运动的趋势，这就为油气向低洼、坑槽处漂移积聚创造了条件，易于在这些地方形成爆炸性混合气体。

（5）建筑物、构筑物的影响。油气释放源如果在建筑物、构筑物的内部，在没有机械通风或自然通风不良时，排放的油气会在建筑物、构筑物开口处外部一定范围内也形成爆炸性混合气体。即使有机械通风或自然通风良好的条件下，建筑物、构筑物内部也应视为危险场所。

（6）周围环境的影响。在油气释放源排出油气流动的线路上，如果有凹地、坑槽时，因油气密度大于空气，会在凹地、坑槽内沿地面积聚，形成爆炸性混合气体。另外，还应重视障碍物（设备设施或建筑物、构筑物）背风区形成的气动力阴影区的油气积聚。

（7）在分析爆炸性混合气体形成的影响因素时，绝不能忽视少量或微量散发的油气。因为这种散发大多有油气积聚的条件，如阀井内闸阀盘根微渗，能在阀井内形成爆炸性混合气体。

以上列举的爆炸性混合气体形成的因素，是油库作业活动中判断危险区域必须考虑的。

（二）油库气动力阴影区易于积聚油气

油库爆炸性混合气体形成、积聚的主要因素包括储存、收发油品的理化特性，储输油工艺与操作，油气释放数量、密度、速度，以及风向、风速与周围环境等。在其他条件相同的情况下，风向、风速起着较大的作用。驱散油气最有利的因素是风速，最不利因素是逆转现象。在油库储存、收发、检修等各项作业活动过程中，常常会遇到设备设施与建筑物、构筑物等障碍物的背风区油气浓度较大，甚至达到爆炸极限。如油罐在进油的条件下，上下油罐的旋梯位于背风区时，直觉感到油气浓度很大，进入油罐背风处油气味突然变大；还有在油品收发作业的条件下，作业区建筑物、构筑物等障碍物的背风区域油气味大于其他部位。这都说明在障碍物背风区有逆转现象存在，即在背风区形成了旋涡、涡流，也就是气动力阴影区。

所谓气动力阴影区是指空气只进行闭路循环的区域。在油库有油气释放源的场所，气动力阴影区属于危险区域。在油罐进油且有风条件下，经用可燃气体测量仪检测，油罐背风位置气动力阴影区可延伸到油罐直径以外的地方，甚至达到防火堤以外。其范围超出了《石油库设计规范》《爆炸危险环境电力装置设计规范》等划定的爆炸危险场所范围，这是油库分析判断可燃气体范围时必须予以重视的问题。

据《炼油厂和石油化工厂生产事故预防》一书介绍，原苏联将油罐模型放在风洞中进行试验得出：气动力阴影区边界的水平投影呈椭圆形，垂直投影是一条与油罐场地夹角为 22°~28° 相交的曲线（图 4-1）。试验气流速度在 2~6m/s 范围内时，油罐迎风面气动力阴影边界高出油罐上边缘的距离为油罐高 H_p 的 8%，最大平面宽度为油罐直径 D 的 130%。其气动力阴影区的主要试验数据，见油罐气动力阴影区主要尺寸表 4-10。

表 4-10　油罐气动力阴影区主要尺寸

空气流速度（m/s）	与罐壁迎风面的距离		与罐壁背风面的距离		气动力阴影区最大高度（H_{max}）
	与阴影区最大高度距离（X_1）	内区边界与罐顶的距离（X_2）	空气流直线状小区端部（X_3）	空气流涡流状小区端部（X_4）	
2	1.0D	0.2D	2.2D	0.8D	1.8H_p
3	0.8D	0.5D	2.2D	0.8D	1.7H_p
4	0.8D	0.8D	2.0D	0.8D	1.7H_p
5	1.5D	1.0D	1.8D	0.7D	1.7H_p
6	0.6D	1.0D	1.5D	0.5D	1.6H_p

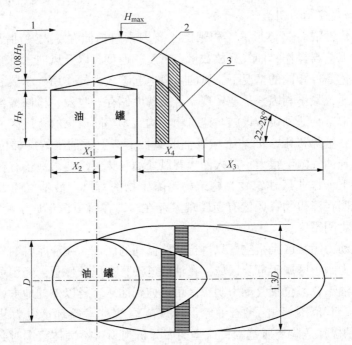

图 4-1　油罐气动力阴影区边界示意图

1—空气流动的方向；2—气动力阴影外区；3—气动力阴影内区

X_1—罐壁迎风面至气动力阴影区最大高度距离；X_2—罐壁迎风面至气动力阴影内区距离；

X_3—罐壁背风面至气动力阴影外区端部距离；X_4—罐壁背风面至气动力阴影内区端部距离

　　油罐模型的气动力阴影区由空气流方向和速度均不相同的两个小区组成。在外小区气流方向与风洞中主气流方向相符，而速度向气动力阴影的轴线方向减少。气流到了内小区便改变方向而旋转起来，空气流速在涡流中心等于零。在气动力阴影区内这一个涡流状流动的小区域，最有利于油气积聚。这是由于油罐顶部的呼吸阀、测量孔位于气动力阴影区之内，其排出的油气密度比空气大，逐渐接近内小区边界而被卷入旋涡中积聚起来，甚至达到危险浓度。油罐模型吹风试验得出：油罐间距符合规范标准，在同一轴线上的油罐，后者位于前者气动力阴影区之中，油罐与油罐之间的空间被涡流气流小区包涵，成为易于积聚油气的危险区。

　　根据气动力阴影区形成原理，在油库中，凡是油气释放源处于有障碍物的场所，在障碍物背风区域都会形成气动力阴影区，都会成为油气积聚的有利场所。因此，在分析判断油库可燃气体形成时，除了按照相关规范、标准分析判断外，还应重视由于气动力阴影区的形成、存在而造成油气积聚区域的确认。

三、判断爆炸性混合气体的程序和原则

判断油库爆炸性混合气体形成必须遵循三级危险区域划分标准，依据作业场所是否存在油气释放源，释放油气有无积聚的可能，比照爆炸性混合气体区域划分等级标准，确定危险区域范围的程序进行。

（一）分析油气释放源的情况

（1）根据储输油设备、设施、管网的结构形式及作业活动的具体实际，分析场所是否存在油气释放源。

（2）如果存在油气释放源，进一步查清油品的爆炸极限范围、引燃温度、闪点、密度，结合环境温度及作业活动情况，分析能否形成爆炸性混合气体。

（3）分析油气释放源的状态，如具体部位及释放数量、速度、方向、时间、频度，并研究分析其在空间的分布范围。

（二）分析影响油气扩散和积聚的因素

（1）根据油气释放源所处场所，分析通风状况。如在露天或敞开建筑物、构筑物可视为通风良好；设置机械通风的场所可视为通风良好。否则，应视为通风不良。

（2）根据油气释放源所处的场所，分析油气扩散方向有无影响油气扩散的障碍物及凹地、坑槽等形成局部积聚油气的可能。

（三）对照爆炸混合气体区域划分等级标准，确定危险区域范围

（1）在油库中，0区通常只存在于密闭容器和管网内部的气体空间。这种条件下很少使用电器设备及仪表，如果使用电器和仪表，应是本质安全型的。其点火源主要是静电放电。

（2）在油库中，1区通常是在油气释放源周围空间1.5~3m的范围内；油气释放源在建（构）筑物内部，一般应将其内部空间视为1区。

（3）在油库中，2区通常是在1级场所以外7.5m的空间范围内；建（构）筑物内部为1区时，其敞开部位（门、窗、孔、洞）外部3~7.5m空间范围内，以及储油罐防火堤内应视为2区。

（4）在油库1区内的凹地、坑槽应视为0区；2区内的凹地、坑槽应视为1区。

（5）油罐清洗、涂装作业时，由于油气和涂料稀释剂挥发出的爆炸性气体的四处漫流，爆炸危险场所的范围和等级有所扩大。

① 甲、乙类，丙A类油品罐清洗、通风前，罐内可燃气体浓度在爆炸下限的40%以上时，罐内为0区，其他为1区；

② 储存丙B类油品的油罐涂装作业期间，罐内为1区，其他是火灾危险

场所;

③ 储存甲、乙类，丙 A 类油品的地面、半地下罐，沿罐壁水平距离 15m 以内为 1 区，15m 至 30m 范围内为 2 区，30m 以外为安全场所;

④ 储存甲、乙类，丙 A 类油品罐的洞罐室、巷道和通风管口周围 15m 以内为 1 区，洞口 15m 和通风管周围 15m 至 30m 以内为 2 区，其他为安全场所;

⑤ 1 区和 2 区中坑、沟提高一级;

⑥ 作业现场低凹部位视实际情况加大爆炸危险场所范围。

（6）在比照爆炸性混合气体区域划分等级标准，确定危险场所范围时，应注意分析危险场所附近的凹地、坑槽及障碍物处是否有油气积聚。

（7）在事故（如跑油）条件下，确定危险场所范围时，凡是失控油品流淌、漂浮所及地方周围空间都应视为危险场所，且范围应扩大。通常将其 50m 空间范围内划为危险场所。

（8）上述提供的情况是属概略判断确定的范围，仅适用于油库作业活动中一般情况，如果有动火等作业活动时，应执行《爆炸危险环境电力装置设计规范》《石油库设计规范》的规定。必要时，还要测定空间范围内油气的浓度。如 2001 年 9 月 1 日，某石油公司油库特大火灾爆炸事故，是由于接卸汽油中发生溢油，1 名作业人员油气中毒，准备送医院，在 160m 外的车库发动汽车时，火花引燃油气造成的。这说明，动火作业时，爆炸性混合气体范围必须由检测来确定。

四、判断爆炸性混合气体形成时应注意的问题

判断爆炸性混合气体形成时应注意的问题如下。

（1）尽管危险区域划分的分级标准是以允许或不允许使用某种类型的电器设备和仪表而划分"安全"界限的，但这种划分同样适用于非电气点火源。

（2）危险场所划分标准中的"正常情况"是指：按照工程标准设计、建设的油库，遵守规定的作业程序、规程，以及有关标准、规则就能避免发生某些事故或灾害。

（3）危险场所划分标准中的"不正常情况"是指：油库设备、设施运行和操作维修中出现的问题。如温度、压力、流量、液位的控制失灵；储输油设备、设施、管网连接件（法兰、流量表、阀门等）损坏；油泵、阀门压盖或密封件出现损伤等等。

（4）危险场所不是固定不变的，在某些条件下可以互相转化。如跑油的情况下，因油品失控流淌，会使原来的安全场所转化为不安全场所；因阀门渗漏会使经过严格清洗的储油罐转化为有爆炸性混合气体的危险场所。判断油库爆炸性混合气体形成应特别重视场所安全是否转化。

（5）对油库危险场所固定的电气设备和仪表来说，主要是按照标准和规定进行操作管理的问题。但在油库许多作业活动中，要求作业人员对场所的危险性做出正确判断，特别是有可能出现点火源时，更应做出准确的判断，以保证油库人员人身安全和设备设施的安全运行。

五、防火防爆措施

油库着火爆炸事故统计分析结果说明，预防着火爆炸事故的对策，主要从着火爆炸的"三要素"入手，严格执行各项规章制度，归纳起来：一是提高人员安全素质，控制人的不安全意识和行为；二是改善工程技术措施，控制油品的不安全状态，即油品的失控与油气的逸散和积聚；三是抓好规章制度的落实，消除技术设备设施与管理方面存在的缺陷。同时还应重视环境的影响。

（一）理顺安全管理渠道

理顺油库安全管理渠道，明确各级职责和权利，使管事、管人、管物（含钱）结合起来。

（1）从上而下建立油库安全管理体系（安全管理和技术管理相结合）。

（2）油库消防经费和大修经费归口主管油库安全的职能部门经管。

（3）在油库现有编制内调整、建立安全技术组织。既是安全技术的职能部门，又是领导在安全技术方面的参谋。

（4）油库实行党委领导下的党政、行政、技术安全三种职能的分工负责制。

（5）明确各级职责和权利，将安全管理落实到单位和人头。

（二）必须贯彻"安全第一，预防为主"的方针

油库安全管理，必须贯彻"安全第一，预防为主"的方针，在事故发生之前，找出防患于未然的方法，加以预防。

（1）积极广泛地组织好群众性的"三预"活动，以便及时发现问题，解决问题。如某油库，在两小时半的"三预"活动中，提出了61个（次）不安全因素，并分析了原因，提出了解决问题的办法，消除了安全隐患。

（2）将事故管理概念引入油库管理机制，通过事故的统计分析，找出油库事故发生的规律，为决策提供可靠的信息依据。如油库的445例和加油站的100例着火爆炸事故发生区域的统计数据，明白无误地指明了预防着火爆炸事故的重点区域是油品收发作业区和油罐区，预防着火爆炸事故的重点部位是油罐、管线（含阀门）、油罐车、油泵。

（三）准确判断爆炸危险场所

油库装卸、储存、输送、灌装、加注等作业活动过程中不断产生油气，并向周围空间释放、扩散，形成爆炸性混合气体。在实际中判断场所有无油气产生，

有无爆炸性混合气体形成，应根据场所空间区域范围内油品的种类与数量，设备与设施的配置，操作方法与运行情况，有无通风设备及其效果，容器与设备有无损坏或误操作的可能，以及同行业中曾发生的事故案例等方面进行分析判断而确定。

1. 油气释放源

凡是能向气体空间排放或散发油气的孔、口等皆应视为油气释放源。而油气释放源的存在与否是判断爆炸危险场所的重要依据。在油库油气释放源主要有：

（1）敞开状态下经常释放油气的孔口。如测量孔、人孔不加盖或不关闭；呼吸阀故障、液压安全阀缺油等，使油罐与大气空间直通，经常有油蒸气释放。

（2）设备、设施上设置的孔口。如呼吸系统排气口，真空罐排气口，真空泵排气口，消气器排气口，装卸油鹤管口，以及通风系统排气口等，在正常作业运行中都有油气排出。

（3）作业活动（含设备、设施、工艺检修）中打开的孔口。如测量孔、装卸油品口（铁路油罐及汽车油罐车人孔，油桶口等），因作业活动需要打开时释放油气。

（4）封闭状态的孔口或部位，正常情况下有可能泄漏微量油气。如阀门和油泵盘根，密封体损坏的各种孔口等。

（5）装有阀门、管接头及仪表等的管路，在正常情况下有微量油气泄漏。通风良好时，可不视为油气释放源，通风不良时应视为油气释放源。不装阀门、管接头及仪表等的管路，原则上不应视为油气释放源。

2. 油气释放源所处环境条件

（1）处于非敞开式建（构）筑物内部的油气释放源，一般情况下将内部空间全部划为爆炸性危险场所。其等级范围应根据不同情况分别确定。

（2）处于敞开式建（构）筑物或露天油气释放源，由于油气扩散受环境和自然条件影响较大，应根据其发生危险的最大极限确定危险场所的等级范围。

（3）处于较大空间的油气释放源或油气释放量较少的部位，正常情况下只能在局部范围内形成爆炸性混合气体时，局部范围应划为0区，其余区域应根据爆炸混合气体可能达到的范围，划分不同等级。

3. 通风对爆炸性混合气体积聚的影响

油气释放源周围的通风状况是判断爆炸性危险场所的重要因素。主要分析自然通风，强制通风及通风阻碍情况。

（1）自然通风区域。一般露天或敞开式建（构）筑物，局部敞开建（构）筑物的敞开部分，应视为自然通风区域，爆炸性混合气体不易积聚。

（2）强制通风区域。建（构）筑物内装有机械通风设备，使整个室内空间能充分通风换气，爆炸性混合气体被吹散。

（3）阻碍通风区域。室内通风受到阻碍，或室外存在阻碍通风的障碍物等情况，使通风不畅，形成小循环或产生气旋等，不易使爆炸性混合气体扩散，出现爆炸性混合气体积聚死角，形成阻碍通风区域。由于油气比空气重，流动于低层，易于在低洼、管沟等处积聚，也形成阻碍通风区域。

（4）当爆炸性危险场所设有经常运转的通风机，能保证场所足够的换气次数和适当的均匀程度，且风机故障时有备用风机自动投入运转，该场所可降低一个防爆等级。

（5）当爆炸危险场所内任意点的可燃气体浓度设有自动控制的检测仪器，在浓度接近爆炸下限的25%时，发出可靠报警的同时，或者联动风机自动有效通风，或者切断电源的条件下，该场所可降低一个防爆等级。

（6）当爆炸危险场所采用抽气通风时，风机室与被通风场所的爆炸危险等级相同；采用送入通风，且有隔墙隔绝风机室，其风道有防爆炸性混合气体侵入装置时，风机室可划为无爆炸危险场所。

4. 同一场所具有不同危险的油气释放源

当在同一场所内具有不同闪点的数种油品时，应按闪点最低油品确定爆炸危险场所的等级范围。

5. 爆炸危险场所的判断过程

（1）确定有无油气释放源。如无危险源则划为非危险区域，有危险源则应从有无持续形成爆炸性混合气体的可能性判断。调查爆炸性气体浓度有无连续或长时间地超过爆炸下限可能的场所，有连续或长时间超过爆炸下限，则划为 0 区。如储存易燃油品油罐内上部气体空间，储存易燃油品油罐孔口等部位。

（2）判别在正常情况下形成爆炸性混合气体的可能性。在正常情况下有形成爆炸性混合气体可能的场所，则划为 1 区。如盛装易燃油品容器、储罐排气孔口附近，作业中打开的孔口附近；检修时拆开的储罐、管路开口附近；内浮顶油罐浮盘上部空间；室内或低洼、管沟等通风不良可能积聚爆炸性混合气体处等。

（3）判别异常情况下形成爆炸性混合气体的可能性。在异常情况下有形成爆炸性混合气体可能的场所，则划为 2 区。如储罐、管路腐蚀穿孔而渗漏和误操作造成的跑油；检修失误或失修的跑冒滴漏；通风系统故障等致使油气积聚，形成爆炸性混合气体的场所。

6. 无爆炸危险的场所

不超过爆炸性油品自燃温度的炽热部件的设备附近；场所内爆炸危险油品数量不大，且在通风柜内、罩下操作；露天或敞开安装的输送爆炸性油品的管道（不含阀门、法兰等附近）地带，均可视为无爆炸危险场所。

第五章　油库常用防爆电气设备

第一节　概　　述

防爆电气产品是按照特定标准要求设计制造的，是不会引起周围爆炸性可燃混合物爆炸的特种设备，主要用于确保安全生产以及人身、财产、环境的安全。

一、防爆电气设备的产生

19世纪初，"危险场所"内的安全问题就已提出。那时，由于大工业的发展，煤炭的开采量大增，而煤矿井下的明火照明设备不断引发事故。寻找适当的方法作为安全措施，成为当时迫切需要解决的问题。

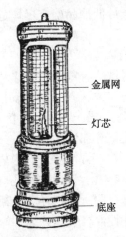

图 5-1　戴维安全灯

第一代"防爆设备"的发明者是英国的化学家戴维。他的做法是在灯的火焰之外加若干层金属网罩，可有效地阻止火源将外部可燃气体点燃。戴维安全灯见图5-1。

金属网在火焰逸出时将其约束，均匀散发并吸收热能。由于这种灯缺陷较明显，电灯发明后被淘汰了。但这种防止火焰扩散的方法，已被继承了下来。至今，金属网阻止火焰元件，还在一些特殊的设备上应用。

现代电气设备的防爆技术，始于20世纪初。1903—1906年期间，德国对电气设备的防爆方法进行了研究，得出了"临界间隙"具有阻止火焰传播和防爆的作用，为现代工业防爆电气设备奠定了理论基础。在此基础上，对上述火焰通过小孔、缝隙时被冷却、减速，乃至熄灭的复杂过程进行了大量深入研究，建立了完整的隔爆型电气设备防爆理论。隔爆间隙的微观过程虽然复杂，但据此原理发展的防爆技术却较为简单。缝隙隔爆原理简单地概括为火焰在通过间隙时能量被吸收，因而传到外面时已不能将可燃气体点燃。

1915—1916年，根据矿井中曾发生15V电话线产生的火花引起爆炸事故，英国对电气火花的安全性进行了研究，得出的结论是选择适当的电路参数，电气火花的安全性是可实现的。电路的工作参数包括电压、电流、电阻、电容、电感等；电路的工作过程，就是能量的消耗、储存、释放、交换的过程。在正常工作时，火花只能在某些触点产生。而在故障状态的情况比较复杂，可能是电路的开路、短路或者在不同部位同时发生。经过深入研究建立了本质安全型电气设备理论——限制电火花能量。

在上述理论基础上，经过200余年不懈努力，对隔爆原理、安全火花原理等不断完善，形成了多种形式的防爆电气设备，使防爆电气成为一个包括研究试验、标准体系、国家认证、设计生产、质量监督等的特殊行业。

二、我国油库防爆电气设备的发展

油库防爆电气设备的应用大体经历三个阶段。一是20世纪50年代至70年代初，油库多采用矿用防爆电气设备，用隔墙将普通电机与油泵隔离的方法防爆（连接轴穿过墙），还有不少油库采用普通电气设备。由于电气设备防爆性能差、安装不合格、使用普通电气设备等问题，油库连续发生爆炸着火事故。二是1970—1990年期间，防爆电气产品的标准基本建立，国产防爆电气类型增加，防爆性能提高，油库电气设备进行了改造和更新，由电气引发的事故明显减少。三是1990年至今，油库爆炸危险场所使用的防爆设备基本符合国家规范要求，但仍然存在选型不合理、安装不符合要求的问题，甚至还有一些私人企业（油库和加油站）使用普通电气设备的问题。在运行中，检查维护不到位问题普遍存在。这些问题必然威胁着油库的安全运行。

近20多年来，我国防爆电气设备制造行业得到了迅速发展，无论是产品品种，还是产品技术水平方面都取得了长足的进步，有了一套覆盖全部防爆型式的、完善的基础防爆标准，建立了适应我国经济建设发展需要的防爆电气工业体系，具备生产适应于矿井或工厂用各类防爆电气产品的能力，为我国煤炭、石油、化学等工业部门的高速发展做出了巨大贡献。现对防爆电机、防爆电器和灯具、防爆仪器仪表等几类代表性的防爆电气设备历史与现状简介如下。

（一）防爆电机

防爆电机是防爆电气行业中发展较好的产品种类之一。20世纪80年代前生产的JBO2系列防爆电机以及80年代初由南阳防爆电气研究所组织行业统一设计并且具有80年代初国际先进水平的YB系列隔爆型三相异步电动机和YA系列增安型三相异步电动机，广泛应用于我国的煤炭、石化等行业中；20世纪90年代初，粉尘防爆型电机在我国开始少量生产。由于防爆电机行业管理较规范，90年代中期国家对YB系列电机又实行了生产许可证制度，因此电机行业中骨干企业的产品质量比较稳定，其中一些重点企业的部分产品还达到了国际标准要求，并取得了国际权威机构的防爆认可证书或取得了CE、CSA、UL认证。但使用中也发现一些技术与质量方面的问题，例如高压中型隔爆电机的"抱轴"现象偶有发生；振动噪声指标待提高；装配质量有的不过关等。

我国加入 WTO 之后，防爆电机产品在国际市场竞争中，总体上将保持一定的优势，基本系列换代产品 YB2(与德国西门子 90 年代国际先进水平的 IMJ 系统相当)全面替代 YB、YA 系列。一些高新技术产品和质量高的名牌产品也在市场上大有作为。

但特种专用防爆电机和高压中大型防爆电机方面，国内产品不具有明显的竞争优势。因为低压中小型防爆电机已全面采用国际先进标准，其产品性能水平已经接近世界先进水平，而技术创新含量较高的特种、专用高压中大型电机差距较大，短期内国内产品在国内市场上将难以取得竞争优势。

(二) 防爆电器和防爆灯具

国内只有少数防爆电器和防爆灯具产品达到国外先进国家 20 世纪 90 年代水平，大部分产品还处于 20 世纪 80 年代国际水平，差距较大，其中矿用防爆产品的差距更大，国内市场上需要的高技术、大容量产品主要依赖进口。

1. 防爆电器

高压电器方面，有待于研制性能更完善的高压防爆配电装置、起动器和插销，高压防爆真空断路器、真空接触器产品的技术水平也有待提高，需有效地解决真空度检测、过电压抑制与低过电压触头材料，提高保护系统与功能显示环节的可靠性指标等。低压防爆电器产品的品种较多，使用量大，覆盖面广，至今已形成防爆馈电、配电装置，防爆电磁起动装置，防爆断路装置，防爆接线装置，防爆控制装置，成套电控及其他防爆电器如防爆变压器、防爆监视器等十多类产品，普遍问题是产品防爆安全质量和产品的防护等级有待进一步提高。

2. 防爆灯具

防爆灯具是一个品种杂、用量大的产品，其中光源的质量、隔爆外壳用透明件的质量，一直是困扰防爆灯具产品质量的主要问题。

当前，防爆电器和防爆灯具产品的发展方向是要及时果断淘汰高耗能、低性能产品；开发研制高效节能、长寿命、易维护产品；重视开发免维护及智能化防爆高压、真空、大容量配电装置；开发研制我国新一代智能化、可通信低压防爆电器；探讨如何发展我国的低压防爆电气现场总线技术，以缩短同国外先进水平的差距。

(三) 防爆仪表

防爆仪表分自控仪表、称重仪表、报警仪表等，其中，自动化工业过程控制防爆仪表是防爆仪表领域的主要产品，通常称为现场仪表，其防爆型式主要为本质安全型和隔爆型。最常用的现场仪表有变送器(压力/差压、温度、流量、物位等)、执行器(电动执行机构、阀门定位器、电动/气动调节阀等)、在线分析仪表及其他检测仪表。我国防爆仪表在经历了20世纪60、70年代间的模拟现场仪表,80、90年代的DCS集散控制系统后,逐渐走向当今现场总线制(FCS)智能数字化仪表。

现场总线技术是一种集计算机技术、通信技术、集成电路技术及智能传感技术于一体的新兴控制技术,它克服了传统模拟量信息传输中必须的"一对一"电缆连接,彻底实现了从控制室到现场仪表之间一对信息总线(电缆或光纤)的全数字信息双向通讯,不仅具有精度高、可自诊断等优点,而且还有现场控制功能。传统的模拟信号仪表对总线系统不适用,不同的总线规范因其要求不同、开放程度不同而对总线仪表有不同要求。图5-2为德国物理技术研究院(PTB)研究并建立了现场总线本质安全模型(FISCO模型)工作原理图。

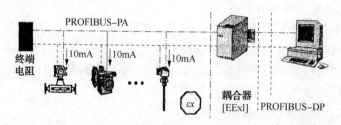

图5-2　现场总线控制系统FISCO模型工作原理图(PTB)

总线技术始于20世纪末期世界发达国家。目前,我国的现场总线技术也正处在快速发展之中。现场总线控制的优点很多,与非总线系统相比,控制精度、可靠性指标大大提高,安装成本和维护费用明显降低,其中本安防爆系统工程中大大减少了使用安全栅的数量。

三、国外油库防爆电气设备发展趋势

根据近十年来国际防爆电气设备的发展情况以及国际市场发展对防爆电气设备的要求,总的看来,未来几年内防爆电气设备总的发展趋势是向着数字化和智能化、网络通信化、环保化、高效节能化、光机电一体化、功能模块化、高可靠性和更加安全化方面,以及防爆标志、标准、认证国际统一化等方面发展。

(一)防爆仪表产品

21世纪,网络已成为人们生活、学习的重要工具,而现代化工业生产也必乘上"e"时代的"特快列车"。防爆电气产品向数字化、智能化和网络化控制方向发展是必然。例如,在自动化领域里,现场总线及其智能化仪表将会成为21世纪初期的主导技术,这一点已成为学术界和企业界的共识。具有现场总线通讯能

力的智能化现场仪表是现场总线系统的本质特征，智能化、数字化、通讯化已成为全球仪表行业的发展趋势。当前，防爆仪表行业发展的方向主要是开发研制更适应于总线控制防爆系统的仪表产品，如各类耦合器（段耦合器、透明型耦合器、智能型耦合器等）、中继器、现场仪表以及总线电缆等。

（二）环保节能防爆电气设备

为实现可持续发展战略，环保、节能将也是防爆电气设备发展的永恒主题。开发研制自身环保型（如无氟冷冻产品，低噪声、低辐射电气）和用于环保目的的防爆电气产品（如污水处理设备，化工资源回收设备，化工防腐、防锈设备等），以及高效、节能的产品（如防爆电机、灯具）等将会成为行业发展的一个亮点。美国从节省能源出发，已把节约电能列入国家的法规。21世纪，环保、高效、节能防爆电气必将取代普通型防爆电气。

（三）光机电一体化的应用

现代电子技术已经逐渐渗透进了防爆电气领域，可以说，电子技术的日趋完善给防爆电气产品的安全性能和可靠性能赋予了新的生命力，光机电一体化技术在防爆电气领域将得到更广泛应用。如增安型无刷励磁同步电动机、变频防爆电机、光纤防爆液位计、智能防爆电器等。

（四）成套防爆电气设备模块化

成套防爆电气设备模块化防爆部件的应用将由于省时、省力、省心而在快节奏的社会发展中得到欢迎。

（五）世界范围内统一认证

防爆电气设备的防爆安全性能永远是第一位的。为了消除多国认证给企业和产品带来的诸多不便，而又能保持安全水平，促进防爆电气产品的国际贸易，在全世界范围内实行一个标准、一个标志、一个证书是今后防爆产品检验认证的发展方向。

第二节　防爆电气设备分类及标准体系

一、防爆电气设备分类

（一）按危险性混合物类型分类

防爆电气产品按适用的危险混合物类型可分为可燃性气体防爆型和可燃性粉尘防爆型等，其中气体防爆型按防爆型式分有隔爆型（d）、增安型（e）、本质安全型（i分为ia和ib两个等级）、正压型（p）、浇封型（m）、充油型（o）、充砂型（q）、无火花型（n）等。

（1）隔爆型"d"：隔爆型"d"适用于1区、2区危险场所。隔爆型设备外壳有一定的强度，能够承受通过外壳任何接合面或结构间隙进入外壳内部的爆炸性混合物在内部爆炸而不损坏，并且不会引起外部由一种、多种气体或蒸气形成的爆炸性气体环境的燃烧。

（2）增安型"e"：增安型"e"适用于2区（1区慎用）危险场所。增安型设备是对电气设备采取一些附加措施，以提高其安全程度，防止在正常运行或规定的异常条件下产生危险温度、电弧和火花的可能性。

（3）本质安全型"i"：本质安全型"i"分"ia""ib"和"ic"三个等级。"ia"等级适用于0区、1区和2区危险场所；"ib"等级适用于1区和2区危险场所，"ic"等级适用于2区危险场所。本质安全型设备是在规定的故障情况和正常工作情况下，其产生的电火花和热效应均不能点燃爆炸性混合物的设备。

（4）正压型"p"：正压型"p"分"px""py"和"pz"三个等级。"px"和"py"等级适用于1区、2区危险场所，"pz"等级适用于2区危险场所。正压型设备是向正压外壳内输入保护气体（新鲜空气、氮、二氧化碳等），并使壳内气压高于外部气压从而使外部爆炸性气体不能侵入外壳内部。分为正压通风型和正压补偿型两种。

（5）浇封型"m"：浇封型"m"分"ma""mb"和"mc"三个等级。"ma"等级适用于0区、1区、2区危险场所，"mb"等级适用于1区、2区危险场所，"mc"等级适用于2区危险场所。浇封型设备是把可能产生电弧、火花或高温的部件，浇封在一种复合物中，使之不能引燃爆炸性气体。

（6）油浸型"o"：油浸型"o"适用于1区、2区危险场所。油浸型设备是将电气设备浸入保护油中一定深度，从而确保油面上的爆炸性气体不被点燃。

（7）充砂型"q"：充砂型"q"适用于1区、2区危险场所。充砂型设备是把电气设备充入（埋入）砂料中以阻止电气设备点燃外部爆炸性气体。

（8）无火花型"n"：无火花型"n"仅用于2区。正常运行时不能点燃周围气体，也不大可能发生点燃的事故。它分为限制呼吸外壳、密封式断路装置、非可燃元件气密装置、密封装置、限能设备和电路。

（二）按使用场所分类

按使用场所分有矿井下用（Ⅰ类）和工厂用（Ⅱ类）（Ⅱ类分为ⅡA、ⅡB、ⅡC三级，每级按温度分为六个组别，用$T_1 \sim T_6$表示）以及船用防爆电气设备等。

（三）按产品类别分类

按产品类别分有防爆电机、防爆电器和灯具、防爆仪器仪表、防爆加油机、防爆报警和通信设施、防爆空调设施、防爆电梯，以及防爆成套装置等。

近年来，随着科技的进步和社会安全意识的逐步提高，防爆电气产品又走进了家庭，如家用防爆燃气表、防爆燃气报警器、防爆（无氟）冰箱等。可以说，防爆电气产品与国民经济建设和广大人民生活已是息息相关。

二、防爆电气设备的标准体系

我国防爆电气设备标准体系分基础标准和产品标准两大类，基础标准又分为制造标准、场所划分与电气安装标准、工程施工及验收标准、检修标准、检查维护标准（制定中）等。

（一）国家防爆电气设备制造标准

GB 3836.1—2010《爆炸性环境 第1部分：通用要求》

GB 3836.2—2010《爆炸性环境 第2部分：由隔爆外壳"d"保护的设备》

GB 3836.3—2010《爆炸性环境 第3部分：由增安型"e"保护的设备》

GB 3836.4—2010《爆炸性环境 第4部分：由本质安全型"i"保护的设备》

GB 3836.5—2004《爆炸性气体环境用电气设备 第5部分：正压外壳型"p"》

GB 3836.6—2004《爆炸性气体环境用电气设备 第6部分：油浸型"o"》

GB 3836.7—2004《爆炸性气体环境用电气设备 第7部分：充砂型"q"》

GB 3836.8—2014《爆炸性环境 第8部分：由n型保护的设备》

GB 3836.9—2014《爆炸性环境 第9部分：由浇封型m保护的设备》

（二）国家危险场所划分或设备选型、安装标准

GB 3836.14—2014《爆炸性环境 第14部分：场所分类 爆炸性气体环境》

GB 3836.15—2000《爆炸性气体环境用电气设备 第15部分：危险场所电气安装（煤矿除外）》

GB 50058—2014《爆炸危险环境电力装置设计规范》

（三）国家防爆电气设备工程施工及验收标准

GB 50257—2014《电气装置安装工程 爆炸和火灾危险环境电气装置施工及验收规范》

（四）国家防爆电气设备检修标准

GB 3836.13—2013《爆炸性环境 第13部分：设备的修理、检修、修复和改造》

三、防爆电气设备的标志

（一）铭牌标志主要内容

（1）铭牌右上方有明显的标志"Ex"。

（2）防爆标志，并顺次标明防爆类型、类别、级别、温度组别等标志。

（3）防爆合格证编号（为保证安全，指明在规定条件下使用者，须在编号之后加符号"X"）。

（4）其他需要标出的特殊条件。

（5）有关防爆型式专用标准规定的附加标志。

（6）产品出厂日期或产品编号。

（7）小型电气设备铭牌，至少应有上述1、2、3、6等项内容。

（二）防爆标志举例

根据 GB 3836.1 规定，各型防爆电气设备标志举例列于表5-1。各项标志须清晰、易见，并经久不褪色。

表5-1　各型防爆电器设备标志举例

举　　例	标　　志
Ⅰ类隔爆型	d Ⅰ
Ⅱ类隔爆型 B 级 3 组	d Ⅱ BT$_3$
采用一种以上的复合型式，须先标出主体防爆型式，后标出其他防爆型式。如Ⅱ类主体增安型，并具有正压型部件 T$_4$ 组	ep Ⅱ T$_4$
对只允许使用于一种可燃气体或蒸汽环境中的电气设备，其标志可用该气体或蒸气的化学分子式或名称表示，这时可不必注明级别和温度组别。如Ⅱ类用于氨气环境的隔爆型	d Ⅱ (NH) 或 d Ⅱ 氨
对于Ⅱ类电气设备的标志，可以标温度组别，也可标最高表面温度或二者都标出。如最高表面温度为125℃的工厂用增安型	e Ⅱ T；e Ⅱ（125℃）或 e（125℃）T
Ⅱ类本质安全型 ia 等级 A 级 T$_5$ 组	(ia) Ⅱ AT$_5$
Ⅱ类本质安全型 ib 等级关联设备 C 级 T$_5$ 组	(ib) Ⅱ CT$_5$
Ⅰ类特殊型	S Ⅰ
除使用于矿井中除沼气外，正常情况下还有Ⅱ类 B 级 T$_3$ 组可燃气体的隔爆型电气设备	d Ⅰ / Ⅱ BT$_3$
复合电气设备，须分别在不同防爆型式的外壳上，标出相应的防爆型式	
为保证安全，指明在规定条件下使用好电气设备。如指明具有抗冲击能量的电气设备，在其合格证编号之后加符号"X"	××××-X

第三节　电气设备防爆原理和设备选型

一、电气设备防爆原理

电气设备防爆原理归纳起来有四种，即间隙隔爆原理、不引爆原理、减少能量原理和其他防爆原理四种，见表5-2。

表5-2 防爆原理与应用举例

类型	代号	基本原理	图 例	应用举例
隔爆型	d	间隙隔爆原理	将可能点燃爆炸性环境的部件装入一个足以承受壳内爆炸压力的外壳，从而阻止爆炸蔓延至外壳四周		适用于开关与控制设备，指示装置，控制系统，电动机，变压器，加热装置，灯具等
本质安全型	i	减少能量原理	在规定的测试条件(包括正常操作与特定故障状况)下，其产生火花或热效应不会引燃爆炸性混合气体的设备(电路)		适用于弱电技术的测量、控制、通讯科技、传感器、执行机构等
增安型	e		采用额外措施，加强安全防备，从而避免过高的温度、火花、电弧在壳内或在暴露电器具部件上产生。这些都是不会在正常操作中产生的		适用于端子与接线，安装防爆元件(防护类有别于其他)的控制箱，鼠笼电机，灯具等
正压型	p	不引爆原理	在壳体内维持一定的惰性气体内部压力，避免爆炸性环境在箱体内形成。必要时，在箱内注入惰性气体，使易燃混合物的浓度始终低于爆炸下限		适用于开关和控制柜、分析器、大型电机等
充油型	o		将整个电器或部分浸在某种防护液体(如变压器油)，从而防止器具表面或外层被点燃		适用于变压器、加热器、起动电阻器等
充砂型	q		将电器箱装满细粒的填充材料，避免在某些运作情况下箱内产生电弧点燃箱四周的爆炸性环境；箱体表面的高温不应具有引燃性		适用于变压器，电容器，电热导体的端子箱等
浇封型	m		可能点燃爆炸性环境的部件被装入密封胶中，以确保爆炸性环境不会被点燃		适用于小型的开关设备，控制与信号单位，显示单元，探测设备等

二、防爆电气设备选型

油库爆炸危险区域电气设备的选用，需按照爆炸危险区域等级、防爆电气结构等要求进行选型。

（一）防爆电气设备类型选择

气体爆炸危险区域防爆电气设备类型选择应符合表 5-3 的要求。

表 5-3　气体爆炸危险区域用电气设备防爆类型选择表

爆炸危险区域	适用的防护型式电气设备类型	符号
0 区	1. 本质安全型（ia 级）	ia
0 区	2. 其他特别为 0 区设计的电气设备（特殊型）	s
1 区	1. 适用于 0 区的防护类型	
1 区	2. 隔爆型	d
1 区	3. 增安型	e
1 区	4. 本质安全型（ib 级）	ib
1 区	5. 充油型	o
1 区	6. 正压型	p
1 区	7. 充砂型	q
1 区	8. 其他特别为 1 区设计的电气设备（特殊型）	s
2 区	1. 适应于 0 区或 1 区的防护类型	
2 区	2. 无火花型	n

（二）各种防爆电气设备结构要求

《爆炸危险环境电力装置设计规范》（GB 50058）规定，防爆电气设备的级别和组别不应低于该爆炸性气体环境内爆炸性气体混合物的级别和组别，并应符合表 5-4~表 5-8 的要求。

表 5-4　旋转电机防爆结构的选型

设备名称 ＼ 爆炸危险区域 / 防爆结构	1 区			2 区		
	隔爆型 d	正压型 p	增安型 e	隔爆型 d	正压型 p	增安型 e
鼠笼型感应电动机	○	○	△	○	○	○
绕线型感应电动机	△	△		○	○	○
同步电动机	○	○	×	○	○	○

爆炸危险区域	1 区			2 区		
防爆结构	隔爆型	正压型	增安型	隔爆型	正压型	增安型
设备名称	d	p	e	d	p	e
直流电动机	△	△		○	○	
电磁滑差离合器(无电刷)	○	△	×	○	○	○

注：(1) 表中符号："○"为适用；"△"为慎用；"×"为不适用(下同)。

(2) 绕线型感应电动机及同步电动机采用增安型时，其主体是增安型防爆结构，发生电火花的部分是隔爆或正压型防爆结构。

(3) 无火花型电动机在通风不良及户内具有比空气重的易燃物质区域内慎用。

表5-5 低压变压器类防爆结构的选型

爆炸危险区域	1 区			2 区		
防爆结构	隔爆型	正压型	增安型	隔爆型	正压型	增安型
设备名称	d	p	e	d	p	e
变压器(包括起动用)	△	△	×	○	○	○
电抗线圈(包括起动用)	△	△	×	○	○	○
仪表用互感器	△		×	○		○

表5-6 低压开关和控制器类防爆结构的选型

爆炸危险区域	0 区	1 区					2 区				
防爆结构	本质安全型 ia	本质安全型 ia, ib	隔爆型 d	正压型 p	充油型 o	增安型 e	本质安全型 ia, ib	隔爆型 d	正压型 p	充油型 o	增安型 e
设备名称											
刀开关、断路器			○					○			
熔断器			△					○			
控制开关及按钮	○	○	○		○		○	○		○	
电抗起动器和起动补偿器			△				○	○			○
起动用金属电阻器			△	△		×		○	○		○
电磁阀用电磁铁			○			×		○			○
电磁摩擦制动器			○			×		○			△
操作箱、柱		○	○					○	○		
控制盘			△					○			
配电盘			△					○			

注：(1) 电抗起动器和起动补偿器采用增安型时，是将隔爆结构的起动运转开关操作部件与增安型防爆结构的电抗线圈或单绕组变压器组成一体的结构。

(2) 电磁摩擦制动器采用隔爆型时，是将制动片、滚筒等机械部分也装入隔爆壳体内者。

(3) 在2区内电气设备采用隔爆型时，是指除隔爆型外，也包括主要有火花部分为隔爆结构而其外壳为增安型的混合结构。

表 5-7　灯具类防爆结构选型

爆炸危险区域	1 区	2 区	隔爆型 d	增安型 e
固定式灯	○	×	○	○
移动式灯	△		○	
携带式电池灯			○	
指示灯类	○	×	○	○
镇流器	○	△	○	○

表 5-8　信号、报警装置等电气设备防爆结构的选型

爆炸危险区域	0 区	1 区				2 区			
防爆结构 设备名称	本质 全型 ia	本质 安全型 ia、ib	隔爆型 d	正压型 p	增安型 e	本质 安全型 ia、ib	隔爆型 d	正压型 p	增安型 e
信号、报警装置	○	○	○	×	○	○	○	○	○
插接装置									
接线箱(盒)		○	○	△		○	○		
电器测量表		○	○	×		○	○		

注：(1) 表中"×"表示不允许采用。

(2) 钢管应采用低压流体输送用镀锌焊接钢管。

(3) DN25mm 及以下的钢管螺纹旋合不应少于 5 螺纹，DN32mm 及以上的不应少于 6 螺纹，并有锁紧螺母。

(4) 1 区接线盒、挠性连接管采用隔爆型，移动电缆应采用重型；2 区接线盒、挠性连接管采用隔爆型或增安型，移动电缆采用中型。

(三) 爆炸危险区域电气线路选择

油库爆炸危险区域的电气线路选择应符合表 5-9 的要求(本质安全电路除外)。

表 5-9　爆炸危险场所配电线路最小允许截面

爆炸危险 区域等级	线芯最小截面(铜芯)(mm²)			
	动力	控制	照明	通讯
1 区	2.5	1.0	2.5	0.28
2 区	1.5	1.0	1.5	0.19

第四节　爆炸性气体混合物的分级和分组

GB 50058《爆炸危险环境电力装置设计规范》根据爆炸性气体混合物的最大试验安全间隙(MESG)或最小点燃电流比(MICR)，将爆炸性气体混合物分为 A、B、C 三级，见表 5-10。

表 5-10 爆炸性气体混合物分级

级别	最大试验安全间隙 MESG（mm）	最小点燃电流比 MICR	油库加油站中可产生爆炸性气体混合物的油品举例
IIA	MESG≥0.9	MICR>0.8	甲类油品（如原油、汽油、液化石油气）、 乙A类油品（如煤油）
IIB	0.5<MESG<0.9	0.45≤MICR≤0.8	
IIC	MESG≤0.5	MICR<0.45	

GB 50058《爆炸危险环境电力装置设计规范》根据爆炸性气体混合物的引燃温度，将爆炸性气体混合物分为 6 个组别，见表 5-11。

表 5-11 爆炸性气体混合物分组

组别	引燃温度 T（℃）	电气产品表面最高温度 T_i（℃）	油库中可产生爆炸性气体混合物的油品举例
T1	450<T	300≤T_i<450	甲烷、丙烷
T2	300<T≤450	200≤T_i<300	丁烷、丙烯
T3	200<T≤300	135≤T_i<200	原油、汽油、煤油
T4	135<T≤200	100≤T_i<135	
T5	100<T≤135	85≤T_i<100	
T6	85<T≤100	T_i<85	

爆炸性气体分类、分级、分组综合举例见表 5-12。

表 5-12 爆炸性气体分类、分级、分组综合举例表

级别	最大试验安全间隙 MESG（mm）	最小点燃电流比 MICR	引燃温度（℃）与组别					
			T_1 T>450	T_2 450≥T>300	T_3 300≥T>200	T_4 200≥T>135	T_5 135≥T>100	T_6 100≥T>85
I	MESG=1.14	MICR=1.0	甲烷					
IIA	0.9<MESG<1.14	0.8<MICR<1.0	乙烷、丙烷、甲苯、氨、一氧化碳、氯乙烯	丁醇、丙烯、丁醇、乙酸	戊烷、己烷、庚烷、辛烷、汽油、柴油、煤油、松节油、硫化氢	乙醚、乙醛		亚硝酸乙酯
IIB	0.5<MESG<0.9	0.45<MICR<0.8	民用煤气、环丙烷	乙烯、环氧乙烷、丁二烯	异戊二烯、二甲醚			
IIC	MESG<0.5	MICR<0.45	水煤气、氢	乙炔			二硫化碳	醋酸乙酯

第五节 油库常用防爆电气设备

油库常用防爆电气设备主要有防爆电机、防爆断路器、防爆启动器、防爆主令电器、防爆连接件、防爆箱、防爆灯具、其他防爆电气设备。这些防爆设备将油库爆炸性危险场所用电形成一个完整的防爆电气系统。

一、防爆电机

防爆电机可按使用场所、防爆类型、电机类型和用途及其他特征进行分类。

（1）根据使用场所的不同，可分为工厂用防爆电机和煤矿井下用（矿用）防爆电机。油库选用工厂用防爆电机。

（2）根据防爆类型划分，有隔爆电机、增安型电机（以前称为通风充气型电机）、无火花型电机和粉尘防爆电机。油库一般选用隔爆型和增安型防爆电机。

（3）根据电机类型，可分为防爆同步电动机、防爆直流电动机、防爆异步电动机。油库选用防爆异步电动机。

（4）按照用途划分，可分为管道泵用隔爆型、风机用隔爆型、阀门电动装置用隔爆型、球阀电动装置用隔爆型、煤矿井下装岩机用隔爆型、运输机械用隔爆型、绞车用隔爆型、振动给料机用隔爆型三相异步电动机等。

（5）此外还可按其他特征，如机座号的大小、防腐、耐湿热等特征进行分类。

油库中常用防爆电机型号的含义：

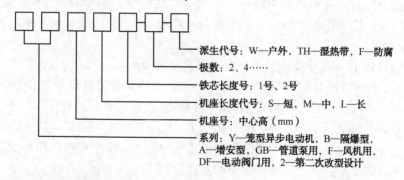

派生代号：W—户外，TH—湿热带，F—防腐
极数：2、4……
铁芯长度号：1号、2号
机座长度代号：S—短，M—中，L—长
机座号：中心高（mm）
系列：Y—笼型异步电动机，B—隔爆型，A—增安型，GB—管道泵用，F—风机用，DF—电动阀门用，2—第二次改型设计

（一）YB 系列隔爆型三相异步电动机

YB 系列电动机是全封闭自扇冷笼型隔爆型三相异步电动机，是我国 20 世纪 80 年代取代 BJO2 系列新设计的更新换代防爆电机基本系列，具有效率高、启动转矩大、噪声低、振动小、温升裕度大、隔爆结构先进合理等优点，适用

于爆炸性气体混合物存在的场所，作为拖动泵、风机、压缩机等各种机械设备的动力。

YB 系列的功率范围为 0.55~315kW，同步转速为 3000、1500、750、660r/min，额定电压为 220、380、660、220/380、380、660、660/1140V，频率 50Hz，绝缘等级 F，但温升按 B 级考核。

YB 系列电动机防爆标志为 d I、d II AT₄、d II BT₄、d II CT₄，外壳防护等级主体为 IP44，接线盒为 IP54。YB 系列还可制成户外型(W)、湿热带型(TH)、户外湿热带型(WTH)和户外防中等腐蚀型(WF)

使用条件：海拔不超过 1000m，环境空气温度不超过 40℃，频率为 50Hz，工作方式为连续工作方式(S1)。

(二) YB2 系列隔爆型三相异步电动机

YB2 系列隔爆型三相异步电动机是全封闭自扇冷隔爆型笼型三相异步电动机，是 20 世纪 90 年代在 YB 系列隔爆型三相异步电动机的基础上换代的新产品，具有使用寿命长、运行安全、性能优良、安装和使用维修方便等优点。电动机整体水平达到 20 世纪 90 年代初国际同类产品的先进水平。

YB2 系列电动机功率范围为 0.12~315kW，同步转速为 3000、1500、1000、750、600r/min，额定电压 380、660、380/660V，3kW 及以下电动机无 660、380/660V，频率为 50Hz，绝缘等级为 F 级，但温升按 B 级考核。

YB2 系列电动机防爆标志为 d I、d II AT₄、d II BT₄；外壳防护等级主体为 IP55，冷却方法为 IC411；机座号 180 及以上的电动机没有注排油装置，可实现不停机加油，维修方便。

使用条件：海拔不超过 1000m；环境空气温度为 -15~40℃；频率为 50Hz，工作方式为连续工作方式(S1)，最大湿月平均相对湿度为 90%(该月平均最低温度为 25℃)。

(三) YBGB 系列管道泵用隔爆型三相异步电动机

YBGB 系列管道泵用隔爆型三相异步电动机是全封闭自扇冷笼型异步电动机，是我国 20 世纪 80 年代取代 BJGB 系列而新设计的更新换代隔爆电机产品，具有效率高、启动转矩大、噪声低、振动小、温升裕度大、隔爆结构先进合理等优点。主要用于化工、石油等部门及其他工业户内外环境中存在的爆炸混合物及轻腐蚀介质的场所，驱动输送管道上的立式泵。

YBGB 系列电动机除轴伸尺寸、形状因泵的特殊要求有差异外，其余，如额定功率、型式、功率等级与安装尺寸的对应关系均与 YB 系列相同。

防爆标志为 d II AT₄、d II BT₄ 两种类型。电动机外壳防护等级户内为 IP44，户外为 IP54。电动机的冷却方法为 IC141。

YBGB 系列电动机的机座无底脚，端盖有凸缘，轴伸向下，立式安装；接线盒分别制成橡套电缆或钢管布线两种结构。电压 380、660、380/660V 三种。

使用条件：海拔不超过 1000m；环境空气温度为 $-20 \sim 40℃$；频率为 50Hz，电压 380V；工作方式为连续工作方式（S1）。最大湿月平均相对湿度为 90%（该月平均最低温度为 25℃）。

（四）YA 系列增安型三相异步电动机

YA 系列增安型三相异步电动机，是我国 20 世纪 80 年代统一设计的更新换代的增安型防爆电机产品，分为 YA（增安型）、YA - W（户外增安型）、YA - WF（户外防腐增安型）三种。其功率等级、安装尺寸的对应关系对于 $e Ⅱ BT_2$ 组与 Y 系列相同，对于 $e Ⅱ BT_3$ 组考虑到增安型电机有降低温升时间不得小于 5s 的要求，2 极电动机从 H160、4 极电动机从 H180 起，较 Y 系列电动机降低一级功率，其余的功率等级与 Y 系列保持一致。

YA 系列电动机适用于工厂中引燃温度为 T_2 和 T_3 组的可燃性气体或蒸气与空气形成的爆炸性混合物及腐蚀性介质场所。电动机的功率范围 $0.55 \sim 280kW$，同步转速为 3000、1500、1000、750、600r/min，额定电压 380V，频率为 50Hz，绝缘等级为 B 级，温度组别为 T_2 和 T_3，防护等级主体外壳为 IP54，接线盒为 IP55。

使用条件：海拔不超过 1000m；环境空气温度为 $-15 \sim 40℃$；频率为 50Hz；电压 380V；工作方式为连续工作方式（S1）。

（五）YBTF 系列隔爆型电动阀门用三相异步电动机

YBTF 系列电动机的防爆标志为 dBT4，适用于 Ⅱ 类 A、B 级 T_1、T_2、T_3、T_4 组的可燃性气体或蒸气与空气形成的爆炸混合物的场所，驱动电动阀门执行机构。

YBTF 系列电动机的功率范围为 $0.09 \sim 30kW$；同步转速 1500r/min；额定电压为 380V，频率 50Hz；绝缘等级为 E 级。安装结构型式为 IMB5，机座无底脚，端盖有凸缘，卧式安装，无接线盒，三根引出线经隔爆连接轴套引出。

使用条件：海拔不超过 1000m；环境空气温度为 $-20 \sim 40℃$；频率为 50Hz；电压 380V；工作方式为短时工作方式（S2），时限为 10min。

二、防爆断路器

当电网出现不正常情况时，例如过载、失压、欠压、短路等，能自动地把负载从电网上断开。防爆断路器由于易出现电弧、电火花等，多为隔爆型。

防爆断路器分类：

（1）按保护特性可分为供电系统总开关或分支开关用断路器、电动机不频繁启动保护用断路器。

（2）按内部所装的断路器可分为电磁式断路器、电子式断路器、本质安全式断路器。

（3）按使用方式可分为一般用断路器、移动变电所低压侧断路器。

（一）BLK 系列隔爆型防爆断路器

BLK 系列有 BLK51、BLK52、BLK53 三种形式，其中 BLK52 与 BLK53 适用于 Ⅱ 类 B 级 T_6 组及以下，BLK51 适用于 Ⅱ 类 B 级 T_4 组的爆炸性气体混合物场所的 1 区、2 区，在频率 50Hz，电压 380V 的线路中，作电路不频繁转换及电动机的不频繁启动与停止使用，并起过载和短路保护作用。

隔爆型防爆断路器主要技术数据见表 5-13。

表 5-13 隔爆型防爆断路器技术数据

型　　号	额定电压（V）	脱扣额定电流（A）	防爆标志	电缆外径	进出口螺纹	防护等级
BDZ51-5		5				
BDZ51-10		10		8~12/20		
BDZ51-15		15				
BDZ51-20		20				
BDZ51-25	380	25	d Ⅱ BT$_4$	12~18/25		
BDZ51-32		32				
BDZ51-40		40		12~22/32		
BDZ51-50		50				
BDZ51-60		60		20~26/40		
BDZ51-100		100				
BDZ52-60		1，2，3，10，15，20，25，32，40，50，60	Exd Ⅱ BT$_6$	13~22	1 2/2	
BDZ52-100		80，100		22~28		
BDZ53-100		40，50，60，80，100		20~26	1 2/2	
BDZ53-250	380/220	100，125，160，200，225，250		27~33	2	Ⅰ P54
BDZ5400		200，250，345，350，400		34~42	1 2/2	
BDZ53-630		250，315，350，400，500，630		42~50	3	

隔爆型防爆断路器型号的含义：

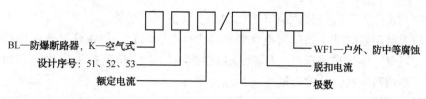

BL—防爆断路器，K—空气式
设计序号：51、52、53
额定电流
WF1—户外、防中等腐蚀
脱扣电流
极数

（二）BAD 系列隔爆型空气断路器

BAD 系列产品适用于石油、化工等工业企业，在爆炸气体混合物场所的 1 区和 2 区，Ⅱ类，A、B 级，$T_1 \sim T_5$ 组的户内或户外有遮蔽场所；在频率 50Hz、电压 380V 的线路中，用来保护电动机的过载和短路，或在配电网络中用来保护线路及电源设备的过载与短路，亦可作为电机不频繁启动及线路的不频繁转换使用。

隔爆型空气断路器主要技术数据见表 5-14。

表 5-14　隔爆型空气断路器技术数据

型　号	额定电压（V）	额定电流（A）	各级脱扣电流档次	进线口	防爆标志	外形尺寸（mm×mm×mm）
BA-100	380	100	100，80，63，50，40，32	G11/2	dⅡBT₅	475×330×166

隔爆型空气断路器型号含义：

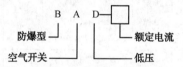

防爆型
空气开关
额定电流
低压

另外，还有 BDZ 系列、CDZ 系列防爆断路器，可用于在具有Ⅱ类，A、B 级，$T_1 \sim T_4$ 组爆炸性混合物的 1 区、2 区作为现场用电设备电源分、合开关使用。

三、防爆启动器

防爆启动器是控制与保护电动机的电器。它可安装在爆炸性混合物危险场所来控制防爆电机启动、停止或运转。其性能是在正常使用中，当启动器的内部由于触头接通、断开时，或者发生短路时，所产生的电弧、火花，均不能引燃该启动器周围环境的爆炸性混合物。

防爆启动器分类：

（1）按使用场所可分为矿用启动器和工厂用启动器。

（2）按操作方式可分为电磁式启动器和手动启动器。

（3）按防爆类型可分为隔爆型启动器和防爆充油型启动器。

（4）按用途可分为不可逆启动器、可逆启动器及多回路启动器。

（5）按灭弧介质可分为空气式启动器、真空式启动器。

防爆启动器的基本结构有电气联锁和机械联锁装置，以保证开盖时电路不能接通。同时，连接在接触器（或继电器）线圈电路中的联锁触头应超前切断控制回路，使切断控制回路的时间小于切断隔离开关的时间，这就避免了隔离开关直接分断负载的可能。隔爆型电磁启动器结构取决于控制电动机的类型、供电系统和所选择的保护方式，根据不同的保护方式，结构有所不同。

防爆电磁启动器有 BQD 系列防爆自耦减压电磁启动器、BQJ 系列防爆自耦减压电磁启动器和 BQD 系列防爆启动器三大系列。

（一）BQD 系列防爆自耦减压电磁启动器

BQD 系列自耦减压启动器适用于石油、化工、成品油库、码头等工业企业，在爆炸性混合物为 1 区、2 区的 II 类，A、B 级，$T_1 \sim T_4$ 组的户内或户外有遮蔽的场所，在频率 50Hz，电压 220/380V 的线路中，作为控制三相鼠笼型异步电动机降压启动。

BQD51 防爆自耦减压电磁启动器主要技术数据见表 5-15，较大功率电动机用 BQD 系列防爆自耦减压电磁启动器技术数据见表 5-16。

表 5-15 BQD51 防爆自耦减压电磁启动器技术数据

型　　号	额定电压（V）	额定电流（A）	AC3功率（kW）	整定电流（A）	防爆标志	防护等级	质量（kg）	外形尺寸（mm×mm×mm）
BQD51-9/□W□□□		9	4	0.1~10				
BQD51-12/□W□□□		12	5.5	0.1~12.5				
BQD51-16/□W□□□		16	7.5	0.1~16			16	
BQD51-22/□W□□□		22	11	0.1~25				210×428×174
BQD51-32/□W□□□		32	15	0.1~32				
BQD51-45/□W□□□		45	22	0.1~45			25	
BQD51-63/□W□□□	380	63	30	0.1~63	Exde II CT₆	I P54		
BQD51-9/□NW□□□		9	4	0.1~10				
BQD51-12/□NW□□□		12	5.5	0.1~12.5				
BQD51-16/□NW□□□		16	7.5	0.1~16			27	
BQD51-22/□NW□□□		22	11	0.1~25				320×600×225
BQD51-32/□NW□□□		32	15	0.1~32				
BQD51-45/□NW□□□		45	22	0.1~45			30	
BQD51-63/□NW□□□		63	30	0.1~63				

表 5-16 较大功率电动机用 BQD 系列
防爆自耦减压电磁启动器技术数据

型　　号	额定电压（V）	额定电流（A）	可控电机功率（kW）	继电器整定电流（A）	防爆标志	外形尺寸（mm×mm×mm）
BQD-55		110	55	120		895×602×410
BQD-75	220/380	142	75	142	dⅡBT₄	
BQD-100		190	100	3.5		1770×900×580
BQD-110		209	110	5		

BQD 系列防爆自耦减压电磁启动器型号含义：

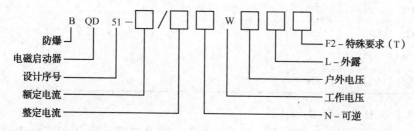

（二）BQJ 系列防爆自耦减压电磁启动器

BQJ 系列自耦减压启动器适用于Ⅱ类 B 级 T₄ 组及以下级别的爆炸性气体混合物场所的 1 区和 2 区，作为控制频率 50Hz、电压 380V 的三相异步电动机的不频繁自耦降压启动和停止使用，启动电流不超过电机额定电流的 3~4 倍，启动时间在 5~120s 内可调，若连续时间总和达 120s，启动后冷却时间应不小于 4h 方能再启动。因此，该产品仅作长时间间歇启动用，不宜在频繁操作条件下使用。其技术数据见表 5-17。

表 5-17 BQJ 系列防爆自耦减压启动器技术数据

型　　号	被控电机功率（kW）	额定电流（A）	额定电流自耦变压器功率（kW）	电流互感器比值（A）	防爆标志	使用类别	防护等级	热保护整定电流（A）
BQD-14	14	28	14					28
BQD-22	22	40	20					40
BQD-28	28	58	28		Ex(e) dⅡBT₄	AC3	ⅠP54	58
BQD-40	40	80	40					80
BQD-55	55	110	55					40
BQD-75	75	142	75	500/5				3.8

型　号	被控电机功率（kW）	额定电流（A）	额定电流自耦变压器功率（kW）	电流互感器比值（A）	防爆标志	使用类别	防护等级	热保护整定电流（A）
BQD-80	80	150						2.8
BQD-95	95	180						3.8
BQD-100	100	200	115	300/5				3.5
BQD-110	110	220			Ex(e)dⅡBT$_4$	AC3	ⅠP54	3.8
BQD-115	115	230						4
BQD-125	125	250						3.3
BQD-130	130	260	185	400/5				3.4
BQD-135	135	270						3.5

（三）BQD 系列防爆启动器

BQD 系列防爆启动器适用于石油、化工、成品油库、码头等工业企业，在爆炸性气体混合物为 1 区和 2 区，爆炸性气体混合物为Ⅱ类，A、B、C 级，T$_1$~T$_6$ 组的户内或户外有遮蔽场所。在频率 50Hz、电压 380/220V 的线路中用来控制三相异步电动机启动、停止。

BQD 系列防爆启动器技术数据见表 5-18。

表 5-18　BQD 防爆启动器技术数据

型　　号	额定电压（V）	额定电流（A）	可控电机功率(kW)	继电器整定电流(A)	防爆标志	外形尺寸（mm×mm×mm）
BQD-40		40	20	25~45		
BQD-40N	220/380	40	20	25~45	dⅡCT$_6$	816×432×340
BQD-100		100	50	63~100		
BQD-150		150	75	100~150		

注：N 为可逆。

四、防爆主令电器

主令电器是指按钮、操作柱（箱）、行程开关、灯开关等，通过电器元件的启动、停止系统状态改变等操作，实现电动机、照明灯具的控制及自动控制系统的程序。

防爆主令电器基本上可归纳为防爆控制按钮、防爆操作柱、防爆行程开关（限位开关）和其他防爆主令电器（防爆转换开关、防爆灯开关等）4类。按其防爆结构形式分为防爆型、本质安全型和充油型。

防爆主令电器通常有两种结构，一种结构是将按钮开关、行程开关转换开关等部件固定在高强度铸铝合金的隔爆外壳内，称为整体防爆结构，适用于1区、2区爆炸性气体环境；另一种结构是将开关、按钮类制成隔爆件，固定在增安型结构的密封外壳内，称为部件隔爆结构，适用于2区爆炸性气体环境。由于这类电器都是手动操作，所以操作按钮、手柄或旋钮的大小、形状、颜色，以及操作指示符号都应便于操作者识别。油库工作人员在使用前应正确了解其含义和功能。

（一）防爆操作柱

1. BZC 系列防爆操作柱

BZC 系列防爆操作柱适用于石油、化工等工业企业，在爆炸性气体混合物为1区、2区，Ⅱ类A、B、C级，$T_1 \sim T_6$ 组的室内、室外场所，在频率50Hz，电压220/380V电路中作为电磁电器、信号的远距离切换控制使用，或者在被控电机附近就地对电机进行控制。这类防爆产品，在各厂家的产品中派生号有所不同，用途亦有细微差别。

控制较大功率电机的 BZC 系列防爆操作柱的主要技术数据见表5-19。

表 5-19　BZC 系列防爆操作柱的主要技术数据

型　　号	额定电压（V）	额定电流（A）	防爆标志
BZC□-□	220/380	5，10，15，20，40	dⅡCT$_6$，dⅡBT$_6$，deⅡBT$_1 \sim$T$_6$

2. BZC57 系列防爆操作柱

BZC57 系列产品适用于含有Ⅱ类，A、B、C级，$T_1 \sim T_6$ 组的爆炸性气体混合物的爆炸危险场所，在频率50Hz，电压220/380V的控制线路中作为远距离控制电磁电器使用。

BZC57 系列防爆操作柱的主要技术数据见表5-20。

表 5-20　BZC57 系列防爆操作柱的主要技术数据

型　　号	额定电压（V）	额定电流（A）	使用类别	进线口	防爆标志
BZC57	380	5	AC1，AC3	G3/4″	dⅡBT$_6$

BZC57 系列防爆操作柱型号含义：

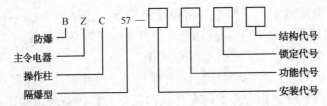

3. BZC53 系列防爆操作柱

BZC53 系列产品适用于 Ⅱ 类，B 级、C 级，$T_1 \sim T_6$ 组的爆炸性气体混合物的爆炸危险场所，在频率 50Hz，额定电压至 380V，直流电压至 220V 的电路中接通、分断电磁式线圈使用，可带灯光显示或仪表显示。

BZC53 系列防爆操作柱的主要技术数据见表 5-21。

表 5-21　BZC53 系列防爆操作柱的主要技术数据

型　　号	额定电压 (V)	额定电流 (A)	防爆标志	电缆外径/管内径	外形尺寸 (mm×mm×mm)	质量 (kg)
BZC53-B	200/380	5~12	de Ⅱ BT$_1$ ~ T$_6$	10~14/G3/4″	268×170×1500	9
BZC53-C			de Ⅱ BT$_6$		180×350×1500	12.2

BZC53 系列防爆操作柱型号含义：

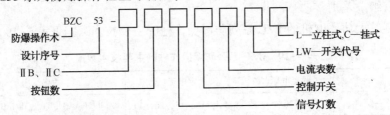

4. L□Z 系列防爆操作柱

L□Z 系列防爆操作柱适用于含有爆炸性气体混合物为 Ⅱ 类，A、B、C 级，$T_1 \sim T_6$ 组的场所，在频率 50Hz，电压 220/380V 的电路中作为现场控制使用，也可直接控制小功率电动机。

L□Z 系列防爆操作柱的主要技术数据见表 5-22。

表 5-22　L□Z 系列防爆操作柱的主要技术数据

型　　号	额定电压(V)	额定电流(A)	使用类别	防护等级	防腐等级	防爆标志
LBZ-10	380	5, 10, 15, 20, 40	AC1	IP54	W	d Ⅱ CT$_6$
LCZ-10					WF1	
LBZ-BP		10	AC3	IP65	WF2	d Ⅱ BT$_6$
LCZ-BP						

L□Z 系列防爆操作柱型号含义：

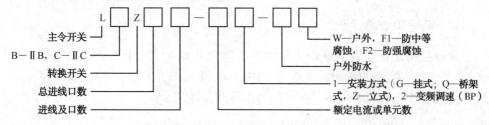

（二）防爆控制按钮

防爆控制按钮是防爆主令电器中品种最多的一种，在爆炸危险环境中作为远距离控制电磁电器(启动器、接触器、继电器等)和信号装置使用。

油库常用的主要有 LA 系列防爆控制按钮。LA 系列防爆控制按钮适用于含有爆炸性混合物为Ⅱ类，C 级，T6 组及以下的危险场所，在频率 50Hz，电压 220/380V 或直流额定电压至 220V 的电路中，作为控制电磁电器和信号装置使用。

防爆控制按钮的主要技术数据见表 5-23。

表 5-23　LA 系列防爆控制按钮的主要技术数据

型　　号	额定电压（V）	额定电流（A）	按钮数量	触头数量	防爆标志	防护等级	防腐等级
LA-53-1 LA5821-1			1	一常开， 一常闭			
LA53-2 LA5821-1 LA53-2A LA53-2D	380	5	3	二常开， 二常闭	Ed Ⅱ CT$_6$	ⅠP54	W，WF1， WF2
LA53-3 LA5821-3 LA53-3A			3	三常开， 三常闭			

LA 系列防爆控制按钮型号含义：

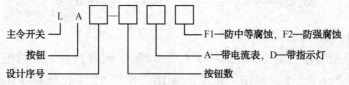

由于各厂家制定产品型号时，标注方式的不同，防爆控制按钮还有 BZA 系列、ZXF 系列等。油库在订货时应注明所须控制按钮的完整型号、名称、内装元件、防爆级别和数量。

（三）防爆开关

1. $SW\dfrac{C}{B}10$ 防爆开关

这种照明开关可用于爆炸性气体混合物危险场所的 1 区、2 区，Ⅱ类，A、B、C 级，$T_1 \sim T_6$ 组的场所，在频率 50Hz，电压 220V，电流不超过 10A 的电路中作为接通或切断照明电路，亦可作为信号开关使用。

$SW\dfrac{C}{B}10$ 防爆开关的主要技术数据见表 5-24、表 5-25。

表 5-24　$SW\dfrac{C}{B}10$ 防爆照明开关的主要技术数据

额定电压（V）	额定电流（A）	极数	防护等级	防爆标志	防腐等级	进线螺纹	电缆外径（mm）	质量（kg）
220	10	IP+N+BE	IP54	ed Ⅱ BT$_6$ ed Ⅱ CT$_6$	W WF1 WF2	G20	8~15	0.99~1.1

表 5-25　$SW\dfrac{C}{B}10$ 防爆照明开关的主要技术数据

型　号	工作频率（Hz）	额定电压（V）	额定电流（A）	防护等级	防爆等级	外形表面极限温度（℃）	外形尺寸（mm×mm×mm）
SW-10	50	220	10	IP44	Ee Ⅱ T$_4$	40	185×140×104

$SW\dfrac{C}{B}10$ 防爆开关型号含义：

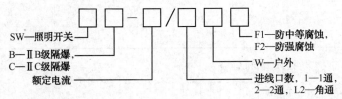

2. BZM 系列防爆照明开关

BZM 系列防爆照明开关，适用于 Ⅱ 类 B 级 T_6 组及其以下级别组别的爆炸性气体混合物的 1 区、2 区场所，在频率 50Hz，电压 220V 的线路中作防爆灯具电路的接通和切断使用。

BZM 系列防爆照明开关的主要技术数据见表 5-26。

表 5-26 BZM 系列防爆照明开关的主要技术数据

型 号	额定电压（V）	额定电流（A）	防爆标志	防护等级	进出线口螺纹	电缆外径（mm）	质量（kg）
BZM-10	220	10	ExedBT$_6$	IP55	G3/4″	10~14	0.76

另外还有 BKG、ZXF 等系列防爆照明开关，油库在选型时应根据现场环境、负荷大小选择合适型号的防爆照明开关，应注意其防护、防爆等级。

3. BHZ51 系列防爆组合开关

BHZ51 系列产品可用于爆炸性气体混合物危险场所的 1 区、2 区，Ⅱ类，A、B、C 级，T$_1$~T$_6$ 组场所。

BHZ51 系列防爆组合开关的主要技术数据见表 5-27。

表 5-27 BHZ51 系列防爆组合开关的主要技术数据

型 号	额定电压（V）	额定电流（A）	防爆标志	电缆外径（mm）	质量（kg）
BHZ51-10	220/380	10	ExedBT$_5$ EedCT$_6$	8~12/20	2.4
BHZ51-25		25		18~22/32	7.2
BHZ51-60		60			

4. BH3 防爆负荷开关

BH3 防爆负荷开关适用于含有爆炸性气体混合物为Ⅱ类，A、B、C 级，T$_1$~T$_6$ 组及其以下的场所，在频率 50Hz，电压 380V，电流 200A 电气装置和配电设备中作为不频繁接通、切断负荷电路及适中保护使用。

BH3 防爆负荷开关的主要技术数据见表 5-28。

表 5-28 BH3 防爆负荷开关的主要技术数据

型 号	额定电压（V）	额定电流（A）	防护等级	防爆标志	防腐等级
B（C）H3-10（20、30、60、100、200）	380	10、20、30、60、100、200	IP54 IP65	dⅡBT$_5$ dⅡBT$_6$	W，WF1，WF2

BH3 防爆负荷开关型号含义：

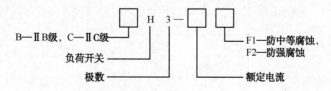

B—ⅡB级，C—ⅡC级
负荷开关
极数
H 3—
F1—防中等腐蚀
F2—防强腐蚀
额定电流

五、防爆连接件

（一）防爆插销

1. 结构和要求

防爆插销由插座和插头两部分组成。为防止拔插销过程中产生火花、电弧，应采取特殊的防爆措施。电压<1140V 的插销有防止骤然拔脱的徐动装置，防止断开电流瞬间产生火花引起内部爆炸，将插头冲出；电压≥1140V 的插销用带电连锁装置。油库一般只选用防骤然拔脱的插销。

防爆插销必须保证在使用过程中不能自行松脱，并设置连锁，保证断电后插杆才能拔插。插销拔脱后，插座内不允许有裸露的带电部分，插座入口处应设便于开启防护盖。插销的接地端子有专用插杆和插孔，不允许用外壳代替。接地杆应比主插杆长，在主插杆未接通前先将接地线接通；在拔脱时，最后切断接地线。同时，插销在结构上具有在拔脱状态下能防止用不属于本身的金属(同一规格)插头或其他途径引出电源，杜绝无关人员把插座当作电源引出他用而引发事故。

插销具有与开关相同的作用，当插入后，插头上的转套向右扭转一定角度，插座内的开关即闭合，这时插头不能拔脱；在拔脱时，必须将转套向左扭转，使开关断开后，插头才能拔掉。

2. 系列类型和用途

防爆插销有 BCD、BCX、AC、BCZ 等系列，适用于石油、化工等工业企业中有爆炸性气体混合物场所的 1 区、2 区，Ⅱ类，A、B、C 级，$T_1 \sim T_6$ 组，作为手提或固定用电设备连接电源使用。在选用时应注意防爆和防护等级。

防爆插销通用的主要技术数据见表 5-29。

表 5-29 防爆插销通用的主要技术数据

型　号	额定电压（V）	额定电流（A）	防护等级	防爆标志	进线口螺纹
BCX53-15		15		Exed Ⅱ BT$_6$	G3/4″
BCX53-30		30			G11/2″
BCD-40	220/380	40		d5	G11/4″
BCD-60		60	IP54		G11/2″
BCD-15		15		ed Ⅱ B（C）T$_6$	G3/4″
AC-15		15		de Ⅱ BT$_4$	
BCZ25-□/3□	380	50，63，80，100		Exed Ⅱ B（C）T$_6$	G11/2″

3. BCD 系列防爆插销

BCD 系列产品适用于含有 ⅡA、ⅡB、ⅡC 级，$T_1 \sim T_6$ 组爆炸气体混合物、环境腐蚀条件的爆炸危险场所，在频率 50Hz、电压 220/380V 的线路中作临时连接电源使用。

BCD 系列防爆插销的主要技术数据见表 5-30。

表 5-30　BCD 系列防爆插销的主要技术数据

型　　号	额定电压(V)	额定电流(A)	防护等级	防爆标志	进线口
BCD-16WF2	220/380	16	IP54	edⅢCT$_6$	G3/4″
BCD-125WF2		125			M54×2

BCD 系列防爆插销型号含义：

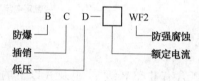

4. AC-15 系列防爆插销

AC-15 系列产品适用于含有 Ⅱ 类 C 级 T_6 组及其以下的爆炸性气体混合物的爆炸危险场所，在频率 50Hz，额定电压 220/380V 的电路中，作为连接手持电动工具或照明灯电源使用。

AC-15 系列防爆插销的主要技术数据见表 5-31。

表 5-31　AC-15 系列防爆插销的主要技术数据

型　　号	额定电压 （V）	额定电流 （A）	电缆外径/ 管内径(mm)	防爆标志	质量(kg)	外形尺寸 （mm×mm×mm）
AC	220/380	15	(8~12)/20	ExdeⅡCT$_6$	2	150×124×200

AC-15 系列防爆插销型号含义：

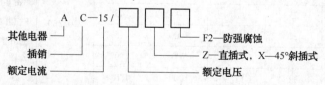

5. BCZ54 系列防爆插接装置

BCZ54 系列产品适用于含有 Ⅱ 类 B 级 T_6 组及其以下的爆炸性气体混合物的爆炸危险场所，在频率 50Hz，电压 380V 的电路中作为连接电器设备和电源使用。

BCZ54 系列防爆插接装置的主要技术数据见表 5-32。

表 5-32 BCZ54 系列防爆插接装置的主要技术数据

额定电压（V）	额定电流（A）	极数	使用类别	防护等级	防腐等级	防爆标志	进线口螺纹	电缆外径（mm）	质量（kg）
380	50、63、80、100	3P+N+PE	AC3 AC1	IP54 IP55	WF1	Exed II BT$_6$ Exed II CT$_6$	G11/2″	17~26	13

BCZ54 系列防爆插接装置型号含义：

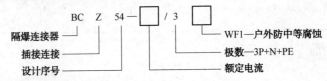

（二）防爆挠性连接管

1. BNG 系列防爆挠性连接管

BNG 系列产品适用于含有 II 类 B 级 T$_6$ 组及其以下的爆炸性气体混合物的爆炸危险场所，在频率 50Hz，电压 380V 的线路中，作为防爆电气设备的进出线连接或钢管布线弯曲难度较大处连接钢管使用。

防爆挠性连接管的主要技术数据见表 5-33。

表 5-33 BNG 系列防爆挠性连接管的主要技术数据

型　号	螺纹公称尺寸（mm）	接头螺纹	长度（mm）	最小弯曲半径（mm）	适用电压（V）	防爆标志	防护等级
BNG-15×700	15	G1/2″	700	80			
BNG-15×1000	15	G1/2″	1000	80			
BNG-20×700	20	G3/3″	700	110			
BNG-20×1000	20	G3/4″	1000	110			
BNG-25×700	25	G1″	700	145	220/380	Exd II BT$_6$ Exd II CT$_6$ Exd II T$_6$	IP54
BNG-25×1000	25	G1″	1000	145			
BNG-32×700	32	G11/4″	700	180			
BNG-32×1000	32	G11/4″	1000	180			
BNG-40×700	40	G11/2″	700	210			
BNG-40×1000	40	G11/2″	1000	210			

BNG 系列防爆挠性连接管型号含义：

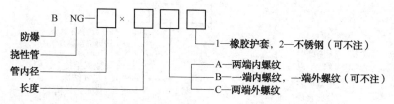

2. LB(C)NG 系列防爆挠性连接管

LB(C)NG 系列产品适用于含有Ⅱ类，A、B、C 级，$T_1 \sim T_6$ 组的爆炸性气体混合物的爆炸危险场所，作为电气设备的进出线以及钢管布线弯曲难度较大的地方使用。

LB(C)NG 系列防爆挠性连接管的主要技术数据见表 5-34。

表 5-34　LB(C)NG 系列防爆挠性连接管的主要技术数据

型　　号	额定电压（V）	防护等级	防腐等级	防爆标志	进线口螺纹	电缆外径（mm）
L-eNG				$eⅡT_6$		
L-BNG	220/380	IP54 IP65	F1 F2	$dⅡBT_6$	G15~G80	7~51
L-CNG				$dⅡCT_6$		

LB(C)NG 系列防爆挠性连接管型号含义：

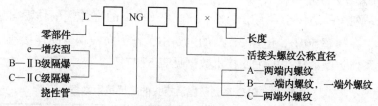

（三）防爆接头

1. MBG 隔离密封接头

MBG 隔离密封接头适用于含有Ⅱ类 A、B、C 级的爆炸性气体混合物的爆炸危险场所，在电线敷设的管路上作为管路隔离密封，防止爆炸性气体流通使用。

MBG 隔离密封接头的主要技术数据见表 5-35。

表 5-35　MBG 隔离密封接头的主要技术数据

型　　号	防护等级	防腐等级	进线口螺纹	电缆外径（mm）
MG	IP54, IP65	F1, F2	G15~80	7~51

MBG 隔离密封接头型号含义：

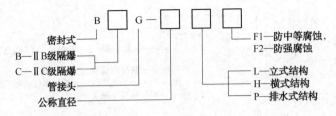

2. DQM-5 电缆密封接头

DQM-5 产品适用于含有 II 类 A、B、C 级，$T_1 \sim T_6$ 组爆炸性气体混合物的爆炸危险场所中用于夹紧电缆以防滑脱使用。

DQM-5 电缆密封接头的主要技术数据见表 5-36。

表 5-36 DQM-5 电缆密封接头的主要技术数据

型　　号	防护等级	防腐等级	进线口螺纹	电缆外径（mm）
DQM-5	IP56	W，WF1，WF2	G15~80	7~51

DQM-5 电缆密封接头型号含义：

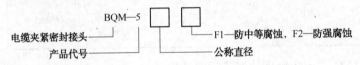

3. BHJ 系列防爆活接头

BHJ 系列产品适用于含有 II 类 C 级 T_6 组及以下的爆炸性气体混合物的爆炸危险场所，在频率 50Hz，电压 380V 的电路中，作为布线钢管间连接使用。

BHJ 系列防爆活接头的主要技术数据见表 5-37。

表 5-37 BHJ 系列防爆活接头的主要技术数据

公称直径 （mm）	尺寸（mm）		防护等级	防腐等级	防爆标志	电缆外径 （mm）	质量（kg）
	外径	长度					
DN15	43	62				6.5~10	0.22
DN20	50	62				10~14	0.25
DN25	58	70				12~17	0.31
DN32	70	75			d II BT$_6$	15~23	0.52
DN40	74	75	IP55	WF1	d II CT$_6$	18~26	0.56
DN50	85	90				26~34	0.64
DN70	100	110				30~43	0.82
DN80	118	120				38~51	0.94

BHJ 系列防爆活接头型号含义：

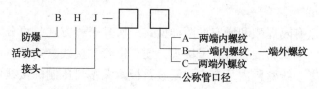

4. B(C)GJ 防爆接头

B(C)GJ 系列产品适用于含有Ⅱ类，A、B、C 级 $T_1 \sim T_6$ 组的爆炸性气体混合物的爆炸危险场所中，作为钢管之间连接使用。

B(C)GJ 防爆接头的主要技术数据见表 5-38。

表 5-38　B(C)GJ 防爆接头的主要技术数据

型　　号	防护等级	防腐等级	防爆标志	进线口螺纹	电缆外径(mm)
BGJ	IP54，IP65	W，WF1，WF2	dⅡBT_6	G20	8~15
CGJ			dⅡCT_6		

B(C)GJ 防爆接头型号含义：

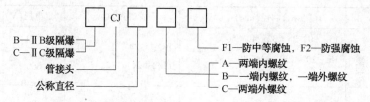

5. □CJ-02 防爆静电磁力接地接头

□CJ-02 产品运用于含有Ⅱ类，A、B、C 级，$T_1 \sim T_6$ 组爆炸性气体混合的爆炸危险场所，用于石油化工、液料仓库，连接静电接地使用。

□CJ-02 防爆静电磁力接地接头的主要技术数据见表 5-39。

表 5-39　防爆静电磁力接地接头的主要技术数据

型　　号	额定电流(A)	防护等级	防腐等级	防爆标志	进线口螺纹	电缆外径(mm)
□CJ-02	0.2	IP54，IP65	W，WF1，WF2	dⅡBT_6	G20	8~15

□CJ-02 防爆静电磁力接地接头型号含义：

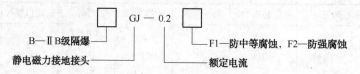

（四）防爆接线盒

1. 防爆接线盒简介

防爆接线盒有隔爆型和增安型两种型式。按其布线方式又可分为钢管布线和电缆布线两种。钢管布线备有管子接头，便于钢管和接线盒连接；电缆布线时用压紧螺母。防爆接线盒腔内装有三聚氰胺石板耐弧塑料压制的接线座。接线盒各通口均有橡胶封垫、堵板、金属垫圈和压紧螺母（或管子接头）。当导线引入后必须压紧螺母或拧紧管子接头，以达到密封隔离的要求。在使用中，不用接口必须用橡胶垫、堵板、螺母封堵。

防爆接线盒有 B(C)H、B(C)DH、BHD、dBH、AH 等系列，适用于 II 类 T_6 组及以下级别组别的爆炸性气体混合物的 1 区、2 区场所，用于连接频率 50Hz，电压不小于 80V，电流 20A 的照明、电力及控制线路。可用于电缆布线，也可用于钢管布线，电缆布线时须配电缆密封夹紧接头；具有吊盖的接线盒还可通过钢管布线直接吊装防爆灯具。

防爆接线盒的主要技术数据见表 5-40。

表 5-40　防爆接线盒的主要技术数据

型　号	管内径（mm）	管螺纹（G）	额定电压（V）	防爆标志
AH-□□/	15、20、25、32、40、50	1/2、3/4、1、11/4、11/2、2、21/2、3	380	d II BT$_6$
B(C)H-□/□	15、20、25、32、40、50、70、80		660	
BHD-□	15、20、25、32、40、50	1/2、3/4、1、11/4、11/2、2	380	d II BT$_6$ d II CT$_6$
BHD52-□□/	15、20、25、32、40、50		220/380	Exd II CT$_6$

2. B(C)H 系列防爆分线盒

B(C)H 系列产品适用于含有 II 类，A、B、C 级，$T_1 \sim T_6$ 组的爆炸性气体混合物的爆炸危险场所，频率 50Hz，电压 220/380V 的线路中，作为照明、信号电缆连接和分支使用。

B(C)H 系列防爆分线盒的主要技术数据见表 5-41。

表 5-41　B(C)H 系列防爆分线盒的主要技术数据

型　号	额定电压（V）	额定电流（A）	防护等级	防腐等级	防爆标志	进线口螺纹	电缆外径
eH-				W	e II T$_6$		
BH-	220/380	≤200	IP54 IP65	WF1	d II BT$_6$	≤G50	8~38
CH-				WF2	d II CT$_6$		

B(C)H 系列防爆分线盒型号含义：

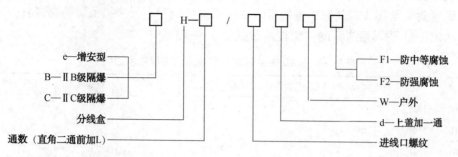

3. BHD52 系列防爆分线盒

BHD52 系列产品适用于含有Ⅱ类 C 级 T_6 组及以下的爆炸性气体混合物的爆炸危险场所，在频率 50Hz、电压 380V 以下的电路中连接电气设备或分线使用。

BHD52 系列防爆分线盒的主要技术数据见表 5-42。

表 5-42　BHD52 系列防爆分线盒的主要技术数据

型　　号	管内径（mm）	管螺纹	额定电压（V）	额定电流（A）	防爆标志	电缆外径/管内径(mm)	质量（kg）
BHD52□□-/15□□	15	G1/2″		20		8~10/15	1.5
BHD52□□-/20□□	20	G3/4″		20		8~12/20	1.5
BHD52□□-/25□□	25	G1″		30		12~18/25	2.6
BHD52□□-/32□	32	G11/4″	220/380	60	Exd Ⅱ CT$_6$	18~22/32	3.1
BHD52□□-/40□□	40	G11/2″		100		20~26/40	3.5
BHD52□□-/50□□	50	G2″		150		26~33/50	3.8

BHD52 系列防爆接线盒型号含义：

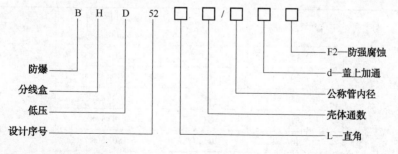

4. BHD51 防爆接线盒

BHD51 系列产品适用于含有Ⅱ类，B、C 级，T_6 组及其以下的爆炸性气体混合物的爆炸危险场所，在频率 50Hz、电压 380V、电流至 20A 的照明、电力及控制线路接线和分线使用。可用于电缆敷设，也可用于钢管布线。电缆敷设必须配电缆密封夹紧接头；具有吊盖的接线盒还可通过钢管布线直接吊装防爆灯具。

BHD51 防爆接线盒的主要技术数据见表 5-43。

表 5-43　BHD51 系列防爆接线盒的主要技术数据

型　　号	额定电压（V）	额定电流（A）	电缆外径（mm）	管螺纹	防爆标志	防护等级
BHD51-1/2□			8~10	G1/2″	Exd II BT$_6$	
BHD51-3/4□	380	20	8~14	G3/4″	Exd II CT$_6$	IP54
BHD51-1□			12~17	G1″		

BHD51 防爆接线盒型号含义：

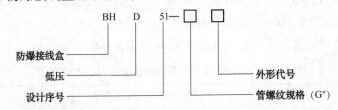

5. BCH 系列防爆穿线盒

BCH 系列产品适用于含有 II 类 T$_6$ 组及以下的爆炸性气体混合物的爆炸危险场所，在频率 50Hz，电压至 600V 以下的电路中，作为防爆电气设备钢管布线或敷设电缆时穿线和拐弯使用。

BCH 系列防爆穿线盒分为 BCH-A~H 八种型号，每种型号的管内径和管螺纹规格都一样，只是外形尺寸有差别，表 5-44 只列出 BCH-A 型的主要技术数据。

表 5-44　BCHA 型防爆穿线盒的主要技术数据

型　　号	管内径（mm）	管螺纹	外形尺寸 （mm×mm×mm）	防爆标志
	15	G1/2″	120×32×38	
	20	G3/4″	135×35×48	
	25	G1″	160×42×55	
	32	G11/4″	170×54×70	
BCH-A□□	40	G11/2″	180×60×78	Exd II
	50	G2″	228×72×90	
	70	G21/2″	246×86×104	
	80	G3″	262×102×120	

BCH 系列防爆穿线盒型号含义：

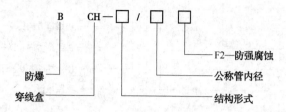

六、防爆箱

防爆箱主要用于爆炸危险环境中交流电压 380V 及以下线路中作为动力、照明、控制电路的配线、分接、过渡接线使用。

防爆箱按结构形式分类，用于系统工程线路中的综合控制的防爆控制箱；用于各部分照明(动力)线路的接线及控制的防爆照明(动力)配电箱；用于钢铝电缆(线)中间过渡连接的防爆铜铝电缆(线)接线箱；用于多回路电缆及导线的分接的防爆多通多回路接线箱。

防爆箱有 BSP、XD(M)B(C)、XDB、BXM、BXQ 等系列，具有漏电和触电保护，过载、短路保护等功能。

防爆箱的主要技术数据见表 5-45。

表 5-45 防爆箱技术数据

型　号	额定电压 (V)	主回路额定电流 (A)	支路数	支路额定电流	防爆标志	管螺纹 G/in		电缆外径(mm)		防护等级
						进线	出线	进线	出线	
BX□51-4								18、22、26		
BX□51-6										
BX□51-8										
BX□51-10				1、3、5、10、15、20、25、32	Exd ⅡBT₆	2~3	3/4~11/2	30、34、36	10~14	IP55
BX□51-12	200/380	60 100 250	4~12							
BX□51-4K								18、22、26		
BX□51-6K										
BX□51-10K								30、34、36		
BX□51-12K										

防爆箱型号含义：

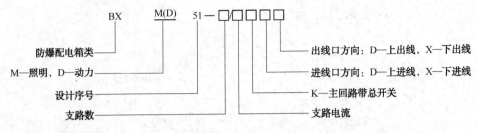

七、防爆灯具

在爆炸性环境中，为防止点燃周围爆炸性混合物而设计的灯具叫做防爆灯具。

防爆灯具和其他防爆电器一样，需要有一个坚固完整的外壳，把电气元件保护起来，也要像普通灯具一样，将光源发出的光线透射出来。防爆灯具中使用的光源是一个通过电能发光的元件，同时也是一个发热元件，发出的热量占整个功率的大部分。发热元件被防爆灯具密封，热量的散发更加困难。散热不好，防爆灯具各部件的温升增高，特别在爆炸性环境中，过高温度将对防爆、安全构成危险，还会影响光源的寿命。因此，防爆灯具是一种特殊的灯具，也是一种特殊的防爆电器。

各种防爆灯具均有指定使用的光源，不允许随意更改，使用时应根据防爆灯具产品铭牌和使用说明书的内容来正确选用光源。高压汞灯、高压钠灯、金属卤化物灯和普通荧光灯在破壳损坏的异常状态下，放电管或灯丝仍能构成电气回路，使爆炸性气体和炽热的放电管或灯丝接触几率相对较大，因此增安型防爆灯具不能使用这些光源；卤钨灯由于泡壳表面温度过高，对增安型防爆灯具也是不适用的。增安型防爆灯具允许采用的光源有：单插头无启动器的荧光灯、普通白炽灯和自镇流荧光高压汞灯，这些光源在泡壳破碎的情况下，均能瞬时断路。有单插头无启动器的荧光灯是专门为防爆灯具使用而设计的，它的发光原理与普通荧光灯一样，但启动方式有所不同。灯具通电时，通过管壁内附设的导电膜导通灯管两端阴极，帮助启动荧光灯。

防爆灯具按防爆形式可分为隔爆型、增安型、正压型、无火花型、粉尘防爆型 5 种，也有由其他防爆形式和上述各种防爆形式组合的复合型和特殊型。隔爆型的防爆灯具，适用电源不超过 1000V 的有白炽灯、卤钨灯、荧光灯泡、高压汞灯、高压钠灯、自镇流高压汞灯和金属卤化物灯等。

（一）Ce(B)-P 防爆灯（棚顶安装）

Ce(B)-P 防爆灯适用于Ⅱ类，A、B、C 级，T_6 组及以下级别的爆炸性气体混合物危险场所的 1 区和 2 区，在频率 50Hz、电压 220V 的电路中作为照明使用。

Ce(B)-P 防爆灯型号含义：

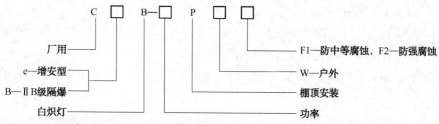

（二）CeG 系列防爆灯（增安型）

CeG 系列适用场所与 Ce(B)-P 防爆灯相同。

CeG 系列防爆灯（增安型）型号含义：

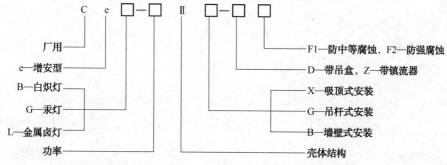

（三）CBY 系列防爆荧光灯

CBY 系列适用于 Ⅱ 类，A、B 级，$T_1 \sim T_6$ 组的爆炸性气体混合物场所，在频率 50Hz、电压 220V 的电路中作为照明使用。

CBY 系列防爆荧光灯的主要技术数据见表 5-46。

表 5-46　CBY-1 系列防爆荧光灯的主要技术数据

型　　号	额定电压（V）	功率（W）	防护等级	防腐等级	防爆标志	进线口螺纹	电缆外径（mm）
CBY-1	220	1×20，1×30 1×40，2×20 2×30，2×40	IP54 IP65	W，WF1，WF2	dⅡBT$_5$	G15	7~9

CBY 系列防爆荧光灯型号含义：

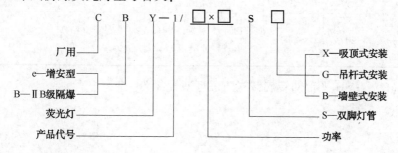

（四）CBY-JOSP 平台立杆式防爆环形荧光灯（隔爆型）

CBY-JOSP 产品适用于含有Ⅱ类 B 级 T₅ 组及以下的爆炸性气体混合物的危险场所，在塔上平台或栈桥上作照明用。

CBY-JOSP 平台立杆式防爆环形荧光灯（隔爆型）的主要技术数据见表 5-47。

表 5-47　CBY-JOSP 平台立杆式防爆环形荧光灯的主要技术数据

型　号	额定电压（V）	功率（W）	防护等级	防腐等级	防爆标志	进线口螺纹	电缆外径（mm）
CBY-JOSP	220	1×22 2×22	IP54 IP65	W, WF1, WF2	dⅡBT₅	G20	8~15

CBY-JOSP 平台立杆式防爆环形荧光灯型号含义：

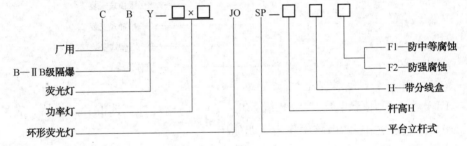

（五）CB(C)□-SH 平台回转旋臂式防爆灯

CB(C)□-SH 产品适用于含有Ⅱ类，B、C 级，T₁~T₄ 组爆炸性气体混合物的爆炸危险场所，在塔上平台或栈桥上作照明使用，可任意旋转方向。

CB(C)□-SH 平台回转旋臂式防爆灯的主要技术数据见表 5-48。

表 5-48　CB(C)□-SH 平台回转旋臂式防爆灯的主要技术数据

型　　号	额定电压（V）	功率（W）	防护等级	防腐等级	防爆标志	进线口螺纹	电缆外径（mm）
CB-SH	220	≤300	IP54 IP65	W, WF1, WF2	dⅡBT₄	G20	8~15
CC-SH					dⅡCT₄		

CB(C)□-SH 平台回转旋臂式防爆灯型号含义：

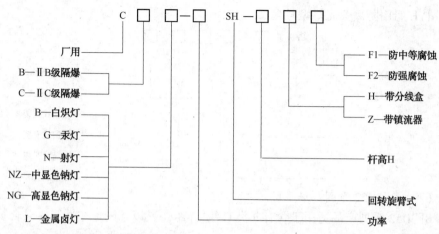

（六）CB（C）□-SL 防爆路灯

CB（C）□-SL 产品适用于Ⅱ类，A、B、C 级 T_4 组及以下级别组别的爆炸性气体混合物的 1 区和 2 区场所中作为道路照明使用。

CB（C）□-SL 防爆路灯型号含义：

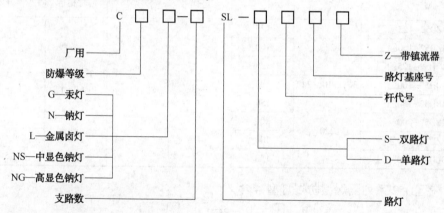

（七）dYE 船用防爆荧光灯

dYE 产品适用于含有Ⅱ类，A、B 级，$T_1 \sim T_5$ 组的爆炸性气体混合物的爆炸危险场所，作为钻井平台和油船上照明使用。

dYE 船用防爆荧光灯的主要技术数据见表 5-49。

表 5-49　dYE 船用防爆荧光灯的主要技术数据

电压（V）	光源种类	防护等级	防爆标志	防腐等级	进线口螺纹	电缆外径（mm）
110/220	荧光灯	IP54 IP65	d Ⅱ BT_5	W、WF1、WF2	G15	7~9

dYE 船用防爆荧光灯型号含义：

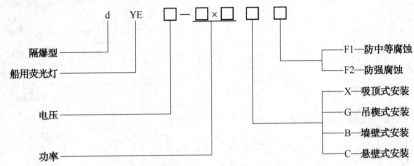

（八）B□D52 系列隔爆型防爆灯

B□D52 系列产品适用于含有 Ⅱ 类 C 级 T₄ 组及其以下的爆炸性气体混合物的爆炸危险场所，在频率 50Hz、电压 220V 的电路中作为照明使用。

B□D52 系列隔爆型防爆灯的主要技术数据见表 5-50。

表 5-50　B□D52 系列隔爆型防爆灯的主要技术数据

型　　号	额定电压（V）	功率（W）	灯座代号	电缆外径/管内径（mm）	防爆标志	质量（kg）
BZD52-125□□	220	125				5
BZD52-160□□		160				
BGD52-125□□		125				9
BBD52-100□□	36，110，220	100	E27	(8~12)/20	Exd Ⅱ CT₄	5
BBD52-150□□		150				
BBD52-200□□	220	200				
BZD52-100□□		100				9
BLD52-150□□		150				10.5

B□D52 系列隔爆型防爆灯型号含义：

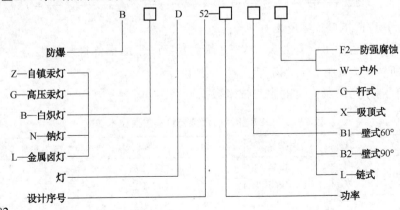

（九）CB(C)B-KT 防爆手提灯

CB(C)B-KT 产品适用于含有Ⅱ类，A、B、C级，$T_1 \sim T_4$ 组的爆炸性混合气体的爆炸危险场所，在频率 50Hz、电压 220V 的电路中作为手提照明使用。

CB(C)B-KT 防爆手提灯的主要技术数据见表 5-51。

表 5-51　CB(C)B-KT 防爆手提灯的主要技术数据

型　号	额定电压（V）	功率（W）	防护等级	防腐等级	防爆标志	进线口螺纹	电缆外径（mm）
CBB-	220	60，100	IP54	W，WF1	dⅡBT₄	G20	8~15
CCB-			IP65	WF2	dⅡCT₄		

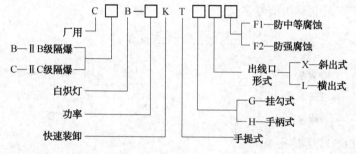

（十）SGB 防爆手电筒

SGB 产品适用于含有Ⅱ类 B 级 T_4 组及其以下的爆炸性气体混合物的爆炸危险场所随身携带的照明工具使用。

SGB 防爆手电筒的主要技术数据见表 5-52。

表 5-52　SGB 防爆手电筒的主要技术数据

型　号	额定电压（V）	防护等级	防腐等级	防爆标志
SGB-	4，5，6	IP65	F1	eibⅡBT₄

SGB 防爆手电筒型号含义：

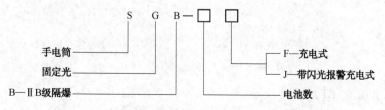

八、其他防爆电气设备

（一）□DCF防爆电磁阀

□DCF产品适用于含有Ⅱ类，A、B级，$T_1 \sim T_4$组的爆炸性气体混合物的危险场所，对压缩空气、气体、液体管路的介质通断进行控制使用。

□DCF防爆电磁阀的主要技术数据见表5-53。

表5-53　□DCF防爆电磁阀技术数据

型　　号	额定电压(V)	防护等级	防腐等级	防爆标志	进线口螺纹	电缆外径(mm)
□DCF-	220	IP54 IP65	W、WF1、WF2	dⅡBT$_4$	G20	8~15

□DCF防爆电磁阀型号含义：

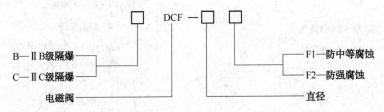

（二）BFS防爆排气扇

BFS型产品适用于含有Ⅱ类，A、B、C级，$T_1 \sim T_6$组的爆炸性气体混合物的爆炸危险场所中作为排风换气降温使用。

BFS防爆排气扇的主要技术数据见表5-54。

表5-54　BFS防爆排风扇的主要技术数据

型　　号	额定电压(V)	电机功率(W)	防护等级	防爆标志	进口螺纹	电缆外径(mm)
BFS-400	380	120	IP44	dⅡBT$_4$	G20	10~18
BFS-600		180				

BFS防爆排气扇型号含义：

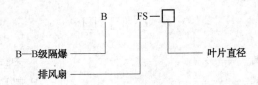

（三）B(C)BJ防爆报警器

B(C)BJ型产品适用于含有爆炸性气体混合物为Ⅱ类，A、B、C级，$T_1 \sim T_6$

组场所中作为讯响、报警、信号使用。

B(C)BJ 防爆报警器主要技术数据见表 5-55。

表 5-55　B(C)BJ 防爆报警器技术数据

型　号	额定电压 (V)	闪光次数	防护等级	防腐等级	防爆标志	进线口螺纹	电缆外径 (mm)
BBJ-B	220	15/min	IP54	W，WF1， WF2	$dⅡBT_6$	G20	8~15
CBJ-P			IP65		$dⅡCT_6$		

B(C)BJ 防爆报警器型号含义：

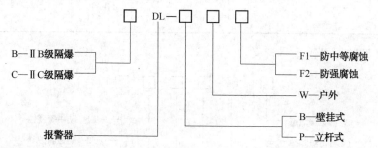

（四）B(C)DL 防爆电铃

B(C)DL 型产品适用于含有爆炸性气体混合物为 Ⅱ 类，A、B、C 级 $T_1 \sim T_6$ 场所中作为呼唤或通知信号使用。

B(C)DL 防爆电铃的主要技术数据见表 5-56。

表 5-56　B(C)DL 防爆电铃的主要技术数据

型　号	额定电压(V)	功率(W)	防护等级	防爆标志	进线口螺纹	电缆外径(mm)
BDL-	交流 220	≤20	IP54	$dⅡBT_6$	G20	8~15
CDL-	直流 36，110，220		IP65	$dⅡCT_6$		

B(C)DL 防爆电铃型号含义：

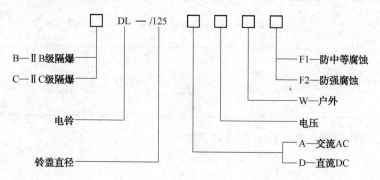

（五）BDD 防爆电笛

BDD 型产品适用于含有爆炸性气体混合物为 Ⅱ 类，A、B、C 级，$T_1 \sim T_6$ 组场所中作为讯响、报警、信号使用。

BDD 防爆电笛的主要技术数据见表 5-57。

表 5-57　BDD 型防爆电笛的主要技术数据

型　号	额定电压（V）	功率(W)	防护等级	防腐等级	防爆标志	进线口螺纹	电缆外径（mm）
BBD-	220	40	IP54 IP65	W，WF1，WF2	$d \, Ⅱ \, BT_6$	G20	8～15

BDD 型防爆电笛型号含义：

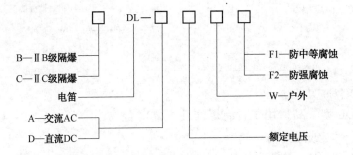

（六）B(C)DY 型防爆电工仪表

B(C)DY 型产品适用于含有 Ⅱ 类 C 级 T_6 组及以下的爆炸性气体混合物的爆炸危险场所中，测量各种物理量的交、直流表，如电流表、电压表、转速表、频率表等。

B(C)DY 型防爆电工仪表的主要技术数据见表 5-58。

表 5-58　B(C)DY 型防爆电工仪表的主要技术数据

型　号	额定电压（V）	防护等级	防腐等级	防爆标志	进线口螺纹	电缆外径（mm）
B(C, e)DY-	220/380	IP54 IP65	W，WF1，WF2	$e \, Ⅱ \, T_6$ $d \, Ⅱ \, BT_6$ $d \, Ⅱ \, CT_6$	G25 G20	8～18

B(C)DY 型防爆电工仪表型号含义：

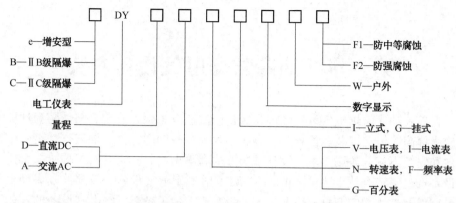

（七）BBP 型防爆电动机变频调速器

BBP 型产品适用于含有爆炸性气体混合物为 Ⅱ 类，A、B 级，$T_1 \sim T_6$ 组的场所中作为电动机、软启动控制器，也可通过传动器变速等控制电路组成闭环调速系统。

BBP 型防爆电动机变频调速器的主要技术数据见表 5-59。

表 5-59　BBP 型防爆电动机变频调速器的主要技术数据

型　　号	额定电压（V）	额定功率（kW）	防护等级	防腐等级	防爆标志	出线口螺纹	电缆外径（mm）
BBP-	380	≤75	ⅠP54 ⅠP65	W，WF1，WF2	dⅡBT$_4$	G25	8~18

BBP 型防爆电动机变频调速器型号含义：

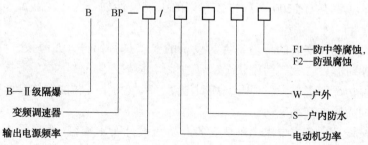

第六章　油库防爆电气设备安装

目前，油库防爆电气设备经过几次整修改造有了很大改善，整体防爆性能有了较大提高。但在安装和检查维护方面还存在一些问题，其主要表现是钢管配线管件和安装不符合防爆要求，设备进线方式和隔离密封不符合防爆要求，个别场所设备选型不符合技术要求（如1区安装了增安型电气设备，或整体隔爆型电气设备，但部件是增安型电气设备）。这些情况的存在势必影响电气设备的整体防爆性能。

第一节　爆炸危险场所电气安装原则

为保证油库防爆电气设备的安全运行，方便检查维护和检定检修，防爆电气设备安装应遵循下列原则。

（1）符合一般电气安装规范，选型合理。

（2）尽可能把电气设备安装在危险程度小的区域，如远离危险源、释放源等。

（3）确认设备适用于该危险场所，熟悉现场含有的可燃性气体的种类和特性，如级别、组别（引燃温度）、闪点、爆炸极限（上、下限）等。据统计，易燃易爆气体或蒸汽共有2200多种，按它们的引燃特性划分为Ⅰ、ⅡA、ⅡB、ⅡC级，$T_1 \sim T_6$组。

（4）确认场所安装的环境条件与设备的要求是否相符，如海拔、环境温度、热辐射、相对湿度、大气污染状况、腐蚀性气体情况等条件影响。海拔、环境温度、热辐射情况会影响设备温升；相对湿度、大气污染、腐蚀气体会影响设备绝缘，因锈蚀而影响产品寿命。

（5）按设计任务书要求，确认安装产品与设计要求相符（型号规格、防爆标志、电压等级、额定电流、外壳防护、安装方式、引入方式、配线方式、钢管进口螺纹及位置等）。

（6）防止危险火花和危险高温等不利因素产生，如漏电火花、静电火花、雷电火花、机械火花（金属件的碰撞摩擦会产生火花，现场应采用防爆工具）、危险温度（外来热源传导、辐射导致温度升高）。

（7）设置保护装置（对设备和导线由于过载、短路、断相、接地等故障应设置保护装置以免产生高温、火花引爆，并采取措施）。

（8）确定安装位置，设备周围应留有足够的空间和通道。一般应考虑以下因素：使用方便，便于操作、运作、检查修理、紧急情况处理(紧急断电)等。

（9）避免不利因素影响。避开水流、雨、雪、潮湿、热辐射、高温体、工艺管道、振动。

（10）考虑安装中的其他情况，如安装方式(落地、壁挂、吊顶、安装角度、地脚螺栓、数量、大小、安装高度)等。

第二节　爆炸危险场所电气线路

在爆炸危险区域，电气线路的位置、敷设方式、导体材质、绝缘保护方式、连接方式的选择应根据危险区域等级进行，并符合整体防爆要求。

一、爆炸危险场所电气线路敷设要求

（一）电气线路的位置

（1）电气线路的敷设位置应考虑在爆炸危险性较小的区域或远离油气释放源的地方。如油气的密度比空气密度大，电气线路应在高处敷设。另外电气线路应避开可能受到机械损伤、振动及受热的地方。

（2）架空线路严禁跨越爆炸危险场所，其二者水平距离不应小于杆塔高度的1.5倍。当水平距离小于规定值而无法躲开的特殊情况下，必须采取有效的保护措施。35kV 及以上的架空电力线路，与危险区域的距离应不小于 30m。

（二）电气线路的敷设方式

（1）爆炸危险场所电气线路应采用钢管配线或电缆配线；防爆电机、风机宜采用电缆进线方式。

（2）钢管配线工程必须明敷，应使用镀锌钢管。电缆配线 1 区应采用铜芯铠装电缆；2 区也宜采用铜芯铠装电缆。

（3）在爆炸危险场所使用的电缆不宜有中间接头。难以避免时，必须在相应的防爆接线盒或分线盒内连接，接线盒不得埋地(墙)。

（4）在爆炸危险场所，不同用途的电缆应分开敷设，动力与照明线路必须分设，严禁合用；不应在管沟、通风沟中敷设电缆和钢管布线；埋设的铠装电缆不允许有中间接头或埋接线盒。

（5）导线连接应采用有防松动措施的螺栓固定，或压接、焊接，不得缠接。铜、铝导线相互连接时必须采用铜铝过渡接头。

二、爆炸危险场所配线的要求

（一）通用要求

（1）线路最小截面。爆炸危险场所使用电缆或绝缘导线的材质和最小截面应符合表 5-13 的规定。

（2）额定电压。爆炸危险场所使用电缆或绝缘电线，其额定电压不应小于线路的额定电压，且不得小于 500V。零线的绝缘应与相线相同，且应在同一护套或钢管内。

（二）允许负载电流

爆炸危险场所的电气线路，除符合有关规定外，还应满足：

（1）导线长期允许负载电源不应小于熔断器熔体额定电流，或自动空气开关延时动作过电流脱扣额定电流的 1.25 倍。

（2）电动机支线的长期允许载流量不应小于电动机额定电流的 1.25 倍。

（3）工作零线必须接在设备的接线端子上，不得接在外壳接地端子上（或内接地螺栓上）。

（4）爆炸危险场所的电气线路，应有防止发生过载、短路、漏电、断线、接地的保护装置。

（三）线路配置选择

爆炸危险区域配线方式按表 6-1 选用。

表 6-1　爆炸危险区域配线方式

配线方式	爆炸危险场所等级		
	0 级	1 级	2 级
本安电路及本安关联电路	○	○	○
钢管配线	×	○	○
电缆配线	×	○	○

注：表中符号："○"为适用；"×"为不适用（下同）。

（四）线路保护和连接

（1）在 1 级场所单相回路（如照明）中的相线和零线均应有短路保护，并使用双极自动空气开关同时切断相线和零线。

（2）危险场所所有电气线路均应设置相应的保护装置，以便在发生过载、短路、漏电、断线、接地等情况下能自动报警或切断电源。

（3）线路的导电部分连接均应采用防松措施的螺栓固定，或者压接、熔焊。铜、铝导线相互连接时，必须采用铜铝过渡接头。

（4）移动式防爆电气设备的供电线路应采用中间无接头，最小截面不小于 $2.5mm^2$ 的重型橡套电缆。接地线应与相线、中性线在同一护套内，接线时应留有一定的余量（长于相线、中性线），并应接地良好。

（五）设备进线

（1）爆炸危险场所防爆电气设备进线方式见表6-2。

表6-2　防爆电气设备进线方式

引入装置方式	密封方式	钢管配线	电缆配线			移动式电缆
			护套电缆	铅包电缆	铠装电缆	
压盖式、螺母式	弹性密封垫	○	○	○	○	○
压盖式	浇注式		○	○	○	

注：（1）浇注式引入装置即放置电缆头腔的装置。

　　（2）移动式电缆必须有喇叭口的引入装置。

　　（3）除移动式电缆和铠装电缆外，凡有振动的入口处必须用防爆挠性连接管与引入装置螺纹连接，严禁钢管直配。

（2）中性线必须接在设备的接线端子上，不得接在外壳接地端子上（或内接地螺栓上）。

（六）临时用电线路的要求

（1）临时用电的开关控制宜设在爆炸危险场所以外。

（2）线路安装必须牢固，地面敷设的临时线路在人员通过的地方应有防护措施。

（3）临时线路中间不宜设接线盒。

（4）用电设备必须固定牢靠。

（5）每天作业结束及雷雨天应及时断电。

（6）用完后必须及时拆除。

第三节　电缆和钢管配线工程

油库爆炸危险场所电气设备配线原则上只有电缆配线和钢管配线两种。了解和掌握爆炸危险场所配线技术要求，对提高油库电气设备的整体防爆性能具有重要的指导意义。

一、电缆配线工程

（一）电缆选型

1区、2区电缆选用应符合下列规定：

（1）固定设备宜选用热塑护套电缆、热固护套电缆、合成橡胶护套电缆等，内护套应为圆形整体护套。

（2）移动电气设备应选用加厚的氯丁橡胶电缆，或与之等效的合成橡胶护套电缆、含有加厚的坚韧橡胶护套的电缆或含有同等坚固结构护套电缆。

（3）橡胶（套）电缆应耐油。

（二）电缆布设

（1）在1区电缆线路的进线装置、接线盒、分线盒等必须采用隔爆型。

（2）铠装电缆明敷时，水平敷设宜采用电缆吊架、托架、电缆槽或固定卡子固定，固定架间距以电缆轴向不受悬垂拉力为原则；垂直敷设时，必须采用固定卡子固定。

（3）铠装电缆暗敷时，如电缆敷设在混凝土地坪下或设备的混凝土基础中，必须采用镀锌钢管保护。保护管的内径宜大于电缆外径的1.5倍。

（4）电缆通过地坪、隔墙及易受机械损伤处，均应采用厚壁型钢管保护。保护管与建筑物间的空隙应采用水泥砂浆堵严；保护管两端应采用非燃密封材料堵严，其堵塞厚度应大于钢管内径的1.5倍，且不得小于50mm。

（5）电力电缆与通信、信号、仪表电缆应分开敷设，其间距应分别在300mm以上。电缆布线应每隔一定距离预留适当的检修余量。

（三）设备进线

防爆电气设备、接线盒等的进线口，均应通过密封装置做好隔离密封，并应符合下列要求：

（1）电缆进接线口时，电缆断面应为圆形、整体，护套表面不应有凹凸、裂缝、砂眼等缺陷；弹性密封圈的一个孔，应密封一根电缆，严禁多股单根导线合并后进入密封圈。

（2）弹性密封圈及金属垫，应与电缆护套外径匹配，其密封圈内径与电缆外径允许差值应为±1mm。弹性密封圈两端应有金属垫片，不允许压紧螺母式压盘直接压在密封圈上。

（3）进密封口处，电缆轴线与进线口的中心轴线应平行，不得出现电缆单边挤压密封圈现象。

（4）外径大于20mm的电缆，必须配用喇叭状有防止电缆拔脱装置的进线口。

（5）铠装电缆钢带应与电气设备的外壳接地螺栓可靠连接。

（6）密封圈应套在电缆内护套上，铠装电缆钢带不应进入密封圈。

（7）电缆与电气设备连接时，电缆外径应与引入装置相匹配。否则，应采用过渡接线方式；过渡线与电缆的连接必须在相应的防爆接线盒内。

二、钢管配线工程

（一）钢管、管件选型

（1）钢管配线工程应使用镀锌钢管，符合 YB234—1963《水、煤气输送钢管》和 GB/T 3901—2008《低压流体输送用镀锌焊接钢管》标准要求，钢管应无裂缝、砂眼、无凹瘪。

（2）在 1 级场所钢管配线采用的接线盒、分线盒、隔离密封盒、挠性连接管，以及管件（活接头、弯头、接头）等，应采用隔爆型结构。

（3）在 2 级场所可选用增安型结构，采用普通管接件。

（二）连接要求

（1）配线钢管之间和钢管与电气设备、接线盒、隔离密封盒、防爆挠性管、管件之间的连接必须采用螺纹连接。

（2）螺纹加工应光滑、完整、无锈蚀。并应保证安装时螺纹啮合紧密、无滑扣，有效螺纹数不少于 6 扣（指粗牙圆柱管螺纹），外露螺纹不宜多于 4 扣。

（3）螺纹接口处应涂电力复合脂或导电性防锈脂，不得在螺纹结合面上缠麻或缠绝缘胶带及涂油漆。

（4）螺纹连接时，严禁采用倒扣安装，应使用防爆活接头连接。

（5）在螺纹连接容易松动处，必须装设锁紧螺母。

（6）钢管配线在接线盒（或设备进线口）处均应做好密封。钢管与接线盒之间应用管子压紧接头连接。安装必须固定牢靠，钢管不得作为物体的支撑物。

（7）钢管配线安装必须固定可靠，钢管不得作为其他物品的支撑。

（8）电气设备、接线盒和端子箱上多余的接线口（孔），应拧上与产品相匹配的丝堵，并保证严密。当孔内垫有弹性密封圈时，则弹性密封圈的外侧应采用厚度不小于 2mm 的钢质堵板，经压盘或螺母压紧。

（三）隔离密封盒的设置

隔离密封盒安装位置见图 6-1。

不同位置的隔离密封盒应符合下列要求：

（1）电气设备的进、出线口 450mm 以内应装隔离密封盒（无密封装置时）。

（2）通过隔墙时，应在隔墙的一侧装设横向式隔离密封盒。

（3）通过楼板或垂直方向引向其他场所时，应在楼板或地面的上方装设纵向式隔离密封盒。

（4）易积存冷凝水的管段，应在垂直段的下方装设排水式隔离密封盒，排水口应朝下。

（5）配线钢管长度超过 20m 且无其他密封措施时，应加装隔离密封盒。

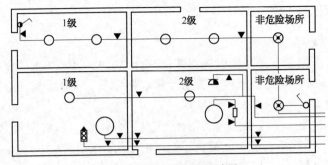

(a)隔离密封装设平面示意图

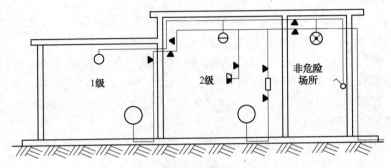

(b)隔离密封装设立面示意图

图中符号名称

图例	名称	图例	名称
▭	防爆综合磁力启动器	○	防爆电动机
⊥	防爆插销	⌐	一般灯开关
⬤◗	防爆按钮	◖	防爆灯开关
▼	应加密封隔离盒处	⊗	半密闭型灯
——	动力或照明线路	⊖	增安型灯

图 6-1　隔离密封装设位置示意图

注：（1）本图表示爆炸危险场所各区之间及防爆电气设备进出口处的隔离密封安装位置。

（2）在易积聚冷凝水的环境中，钢管配线时应有一定坡度，并选择合适地点，选用排水型防爆隔离密封盒。

（6）严禁把密封盒作为导线的连接或分线之用。

（7）密封盒内应无锈蚀、灰尘和油漆。

（8）密封件内必须填充耐油水凝性粉剂密封填料。

（9）粉剂密封填料的包装必须严密。密封填料的配制应符合产品技术规定的要求。浇灌时间严禁超过其初凝时间，并一次灌足，凝固后其表面应无龟裂。排水式隔离密封件填充后的表面应光滑，并可自行排水。

（四）防爆挠性连接管的应用

（1）爆炸危险场所钢管配线在电机进线口、管路与电气设备连接困难处、管路通过建筑物伸缩缝或沉降缝处，均应装设防爆挠性管。

（2）防爆挠性连接管应无裂缝、孔洞、机械损伤、老化和脱胶等缺陷；防爆衬垫（铅垫）无变形、断裂、错位等缺陷。

（3）防爆挠性连接管安装弯曲半径不应小于管子外径的 5 倍。主管路中一般不应串接防爆挠性连接管，必须加设跨接线。

三、本质安全电路与本质安全关联电路配线

（一）本质安全电路组成

本质安全电气设备一般由本安设备、本安关联设备和外部配线组成，见图6-2。本质安全电路与本安相关的电路共同组成独立的、完整的安全系统，且必须符合国家指定检验机关提出的要求和产品自身的特殊要求。严禁改变本安设备内部器件和电路或与其他电气设备相连接。

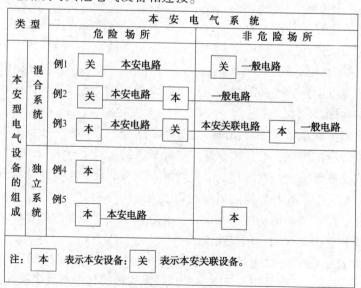

图 6-2　本安电气系统型式示意图

（二）电缆与绝缘导线选型

（1）电缆或绝缘导线必须采用芯线最小截面积不小于 $0.5mm^2$ 的铜绞线，导线绝缘耐压强度必须大于 500V。

（2）通常应优先选用带屏蔽层的电缆。如采用无铠装或无屏蔽层电缆时，应采用镀锌钢管保护屏蔽。

（三）配线方式

（1）本安电路与关联电路之间的配线，应按钢管配线或电缆配线要求单独敷设。接线盒和管件可选用隔爆型或增安型。

（2）本安电路与非本安关联电路的配线，应用钢管配线工程或电缆工程组成单独系统，不应与非本安电路发生交混、静电感应、电磁感应。

（3）本安电路与非本安电路不得共用同一电缆或钢管。

（4）本安电路或关联电路严禁与其他电路共用同一电缆或钢管。

（5）两个及以上回路的本安电路不应共用同一电缆或钢管（芯线有单独屏蔽层的除外）。

（6）电缆（导线）的屏蔽层应一端接地，并在非爆炸危险区域内进行，严禁两端同时接地。

（7）本安电路本身（正常不带电金属部分除外）接地应符合产品说明书要求。

（四）本安电路的外部配线

（1）本安电路的外部配线与本安设备或本安关联设备直接连接时，应有专用的接线端子板。连接应牢固可靠，并应有防松和自锁装置。接线端子外露导电部分应穿绝缘护套。如场所潮湿、多尘时，应采取密封、防水、防尘措施。

（2）当本安电路的外部配线必须在 1 区或 2 区进行连接或分路时，应按规定选用相应的防爆接线盒。

（3）本安关联设备宜安装在爆炸危险场所之外，关联设备接出的本安电路在非爆炸危险场所的配线，必须按在爆炸危险场所的配线要求进行，并应有防雷措施。当本安关联设备安装在爆炸危险场所时，其关联设备本身及非本安电路一端的进出线口和配线必须与场所防爆形式相适应。

（4）在非爆炸危险场所的本安设备，其外部线路接线箱内的配线，应设置连接外部配线和盘内配线的专用接线端子。

（5）本安电路、关联电路和其他电路的接线端子之间的间距，不应小于 50mm。间距不够时，应采用高于端子的绝缘隔板或接地的金属隔板隔离。

（6）本安电路、关联电路的端子排，应采用绝缘的防护罩。本安电路与非本安电路的箱内配线，必须与其他电路分开束扎和固定。

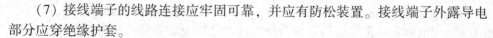

（7）接线端子的线路连接应牢固可靠，并应有防松装置。接线端子外露导电部分应穿绝缘护套。

（五）本安电路配线的识别

本安电路及本安关联电路配线中的电缆、钢管、端子板应有蓝色标志，或缠上蓝色胶带。两个本安电路在一起时，配线的端子部位应标明回路编号，以便识别。

第四节　防爆电气设备的安装

一、安装前的准备工作

（一）产品订购

必须按图纸要求订购防爆产品，在订货时要充分了解防爆产品的市场情况，择优订购。必要时应检验防爆产品合格证书(或复印件)，并要注意证书的有效期，如合格证书与产品不符或已过有效期，不得订货。

（二）防爆电气设备和器材的检查验收

（1）开箱检查清点配件和产品的技术文件是否齐全。

（2）产品型号、规格是否符合订货合同及设计图上的要求。

（3）设备铭牌中必须标有国家指定检验单位签发的"防爆合格证号"，防爆标志是否清晰齐全。

（4）产品合格证书、检验单是否齐全。

（5）产品外观上无损伤、裂缝、变形和严重锈蚀。

凡是产品不符合上述各要求的任一条，都不得安装使用。

（三）按图施工

爆炸危险场所的电气安装工程，必须依照已批准的设计图纸施工，严禁边设计、边施工或无图施工。施工前必须"读图"，掌握有关技术要求。

（四）安装前的质量检查

（1）安装前必须对防爆电气设备和器材作全面质量检查。各项指标均应符合国家或部颁发的现行技术标准，特别在防爆结构上，要对照 GB 3836《爆炸性环境》的要求，作严格检查。同时还应检查进线装置、紧固件及密封件是否齐全完好，转动系统、控制按钮、主触头及联锁触头的接触情况是否灵活、良好，设备多余的进出线孔是否按规定封闭，设备内壁的耐弧油漆是否完整。

（2）防爆面的检查，隔爆电气设备在安装前以及在维护保养时一定要认真检查并维护保养好防爆面，以保证其防爆性能。

① 应妥善保护防爆面，不得损伤，严禁用汽油、苯等可燃物清洗。

② 无电镀、磷化层的隔爆面，经清洗后涂磷化膏或涂 204 号防锈脂、工业凡士林。严禁涂刷其他油漆(涂磷化膏或涂工业凡士林、204 号防锈脂时，应涂薄薄的一层即可，不要涂得太厚)，也不许加任何垫片或密封胶泥。

③ 隔爆面上不得有锈蚀层，如隔爆面上有锈蚀，经洗后，不应出现麻面现象。

④ 隔爆接合面的紧固螺栓，不得任意更换、短缺，弹簧垫圈应齐全，紧固时，必须保证防爆面受力均匀，不应有偏心不平行现象。

⑤ 隔爆面上的机械伤痕不超过 GB 3836.2—2010 的规定。

⑥ 隔爆结合面最小宽度和最大间隙值，不得超过 GB 3836.2—2010 的规定。

(五) 安装前土建工程的要求

(1) 与电气装置安装有关的建筑物和构筑物，应保证工程质量，防止由此影响防爆设备的防爆性能或构成潜在威胁。

(2) 妨碍电气安装的施工模板、脚手架应予拆除。

(3) 会使防爆电气装置发生损坏或严重污染的抹面或装饰工程应全部结束。

(4) 电气装置安装用的基础、预埋件、预留孔(洞)等应符合设计要求。

(5) 防爆电气设备如吊线盒、接线盒、开关、操作柱、挠性管、接地干线等，不得浇铸在混凝土内部。

(六) 安全教育、技术培训、施工方案

(1) 防爆电气设备安装人员必须经过防爆安全教育和防爆技术培训，考核合格，否则不准上岗作业。

(2) 在爆炸危险场所施工，必须采取严密的安全措施，制订详细的施工方案，报请上级批准后才能开工。

二、通用技术要求

防爆电气设备安装通用技术要求如下。

(1) 爆炸危险场所的电力设计，从安全可靠、经济合理的角度出发，首先应尽量将有关设备布置在非爆炸危险场所；如必须设在危险场所内，也应尽量布置在相应危险性较小的地点。

(2) 爆炸危险场所的电气设备及线路，应根据所处环境，采取相应防潮、防腐、防水、防油浸和防机械损伤等安全措施。

(3) 在爆炸危险场所，不应采用隔墙机械传动的防爆方法。

(4) 在爆炸危险场所内，应尽量少装防爆电气设备，以基本能满足作业需要为原则。

（5）洞库内照明，应按实际作业需要，采取分段控制的办法，以减少每次作业开灯的数量。三相供电负载尽量平衡，避免零线出现过高不平衡电位。

（6）通向爆炸危险场所的电力、通信、仪表线路应满足防雷要求。

（7）覆土式轻油罐旁的普通电话机插销距离通气管口、量油口应不小于15m；地面轻油罐旁的普通电话插销，应设在油罐组防火堤以外。

（8）防爆电气设备应用预埋或膨胀螺栓及焊接法固定，电气设备的固定螺栓应有防松装置。

（9）接线盒内部接线应紧固，其内部裸露带电部分之间及金属外壳之间的漏电距离和电气间隙应不小于表6-3的规定。

表6-3 漏电距离和电气间隙

电压等级（V）		漏电距离（mm）				电气间隙（mm）
直流	交流	绝缘材料抗漏电强度级别				
		I	II	III	IV	
<48	60	6/3	6/3	6/3	10/3	6/3
<115	127-138	6/5	6/5	10/5	14/5	6/5
<230	220-230	6/6	8/8	12/8		8/5
<460	380-400	8/6	10/10	14/10		10/6

注：（1）分母电流为不大于5A，额定容量不大于250W的电气设备的漏电距离和电气间隙值。

（2）I级为上釉的陶瓷、云母、玻璃。II级为三聚氰胺石棉耐弧塑料，硅有机石棉弧塑料。III级为聚四氟乙烯塑料、三聚氰胺玻璃纤维塑料、表面用耐弧漆处理的环氧玻璃布板。IV级为酚醛塑料、层压制品。

（10）防爆电气设备的进线口必须用弹性橡胶密封圈密封，禁止采用填充密封胶泥、石棉绳等其他方法代替。禁止在接线盒内填充任何物质。橡胶密封圈上的油污应擦洗干净，以免老化变质，失去防爆性能。

（11）严禁改动防爆电气设备的结构、零部件及设备的内部线路。多余的进出线口，应加厚度不小于2mm的金属垫片和胶垫将其密封。

（12）非移动式防爆电气设备，不得选作移动设备使用。隔爆型灯的使用高度一般不应超过1m。

三、隔爆型电气设备安装

（一）电缆引入要求

对隔爆型电气设备来说，外部电缆必须通过电缆引入装置进入电气设备的隔爆外壳内，这是保证隔爆型电气设备隔爆性能的重要手段。

电缆引入装置是靠弹性密封圈或密封填料等来保证其隔爆外壳主空腔（或接

线盒)同周围环境的密封性的。那么在什么情况下选择弹性密封圈作为密封措施，在什么情况下选择填料作为密封措施呢？根据 GB 3836.15—2000《爆炸性气体环境用电气设备 第 15 部分：危险场所电气安装(煤矿除外)》规定，"致密和圆形的热塑性、热固性或弹性电缆具有挤压成的衬层和不吸水填料，可以用于隔爆型引入装置"，并按图 6-3 选择密封措施。

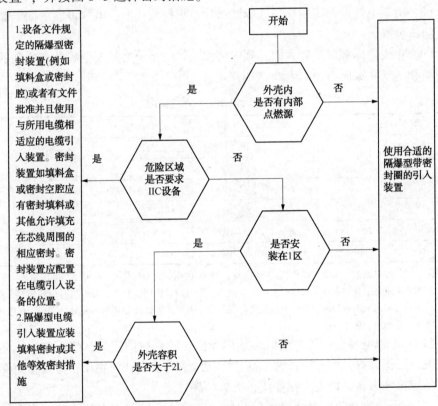

图 6-3　电缆引入密封措施选择步骤

由图 6-3 可知：

（1）隔爆外壳内没有点燃源的隔爆型电气设备，隔爆型电缆引入装置允许使用弹性圈作为密封措施。所谓点燃源是"内部引燃源包括火花或正常运行条件下可引燃的设备表面温度。壳体仅含接线端子或非直接引入外壳，可以认为不具备内部点燃源"。

（2）内部包含有点燃源，不安装在 1 区 ⅡA、ⅡB 类隔爆型电气设备，隔爆型电缆引入装置允许使用弹性密封圈作为密封措施。

（3）内部包含有点燃源，外壳容积不大于 2L，安装在 1 区 ⅡA、ⅡB 类隔爆型电气设备，隔爆型电缆引入装置允许使用弹性密封圈作为密封措施。

（4）内部包含有点燃源的ⅡC类隔爆型电气设备，隔爆型电缆引入装置允许使用密封填料作为密封措施。

（5）内部包含有点燃源，外壳容积不大于2L，安装在1区的ⅡA、ⅡB类隔爆电气设备，隔爆型电缆引入装置允许使用密封填料作为密封措施。

以上情况说明，隔爆型电气设备的电缆引入装置不是随便可以使用弹性密封圈或填料来密封的。当隔爆型电气设备内部不包含有点燃源时，原则上可以采用弹性密封圈式的电缆引入装置将电缆引入。当隔爆型电气设备内部包含有点燃源时，外壳容积大于2L的ⅡA、ⅡB、ⅡC类隔爆外壳，不允许采用弹性密封圈式的电缆引入装置进行直接引入，要想采用弹性密封圈式的电缆引入装置就应当采用间接引入方式。

（6）隔爆电气设备引入装置的公称直径应与电缆最大外径相对应，见表6-4。

表6-4　隔爆电气设备引入装置通径对应表

公称直径	本对应管螺纹（G″）	俗称	允许电缆最大外径（mm）
DN15	$1/2''$	4分	10
DN20	$3/4''$	6分	14
DN25	$1''$	1英寸	17
DN32	$1\frac{1}{5}''$	1.2英寸	23
DN40	$1\frac{1}{2}''$	1.5英寸	30
DN50	$2''$	2英寸	38
DN70	$2\frac{1}{2}''$	2.5英寸	46
DN80	$3''$	3英寸	56

（二）安装前的检查

在安装前除完成通用要求检查外，还应进行下面检查，并符合要求：

（1）透明件应光洁无损伤。

（2）运动部件应无碰撞和摩擦。

（3）接线板及绝缘件应无碎裂。

（4）接地标志、接地螺钉应完好。

（5）正常运行时产生火花和电弧的隔爆型电气设备，其电气联锁装置必须可靠。

（三）隔爆插销的要求

隔爆型插销应符合下列要求：

（1）插头插入时，保证主触头应先接通；插头拔出时，保证主触头先分断。

（2）开关应在插头插入后才能闭合。

（3）防止骤然拔脱的徐动装置，应完好可靠，不得松脱。

（四）注意事项

隔爆型电气设备在安装和检修时应做到：

（1）隔爆型电气在安装和检修时，应妥善保护隔爆面，不得损伤，严禁敲打和碰撞。

（2）隔爆电气设备防爆面严禁用汽油、苯等易燃物质清洗。

（3）隔爆面清洗后应涂磷化膏、防锈脂，严禁涂刷任何防腐油漆、密封胶泥，不得加装任何垫片。

（4）隔爆结合面的紧固螺栓不得任意更换、短缺，弹簧垫圈应齐全。紧固时，必须保证隔爆面受力均匀，不得出现偏心、不平行等现象。

（5）隔爆面的粗糙度、砂眼、机械伤痕、隔爆间隙、螺纹有效扣数等，必须符合 GB 3836.1《爆炸性环境 第 1 部分：设备通用要求》、GB 3836.2《爆炸性环境用 第 2 部分：由隔爆外壳"d"保护的设备》和 GB 3836.13《爆炸性环境 第 13 部分：设备的修理、检修、修复和改造》的有关规定。

四、增安型电气设备安装

增安型电气设备在安装前，应进行全面检查，并确认符合下列要求：

（1）设备的型号、规格符合设计要求。

（2）铭牌及防爆标志正确、清晰。

（3）设备的外壳和透光部分无裂纹、无损伤。

（4）设备的紧固螺栓有防松措施，无松动和锈蚀，接线盒紧固。

（5）保护装置及附件齐全、完好。

五、充油型电气设备安装

（1）进入充油型电气设备的电缆（绝缘导线）的绝缘必须是耐油型的。设备应垂直安装，其倾斜不应大于 5°，油标不得有裂缝及漏油等缺陷，手动或自动排气畅通无杂物。

·（2）油面必须在油标的标度线位置，当油量不足需添加时，变压器油必须经检验合格，严禁加注其他油品或油中混有其他物质。

（3）充油型开关设备不得用于移动式电气设备的直流回路设备。

六、本安型电气设备安装

（1）本质安全型电气设备在安装前，应进行全面检查，并确认符合下列要求：

① 设备的型号、规格符合设计要求。

② 铭牌及防爆标志应正确、清晰。

③ 外壳应无裂纹、损伤。

④ 本质安全型电气设备、关联电气设备产品铭牌的内容应有防爆标志、防爆合格证号及有关电气参数。本质安全型电气设备与关联电气设备的组合应符合 GB 3836.4《爆炸性环境 第4部分：由本质安全型"i"保护的设备》的要求。

⑤ 电气设备所有零件、元件及线路，应连接可靠，性能良好。

（2）与本质安全型电气设备配套的关联电气设备的型号，必须与本质安全型电气设备铭牌中的关联电气设备的型号相同。

（3）关联电气设备中的电源变压器，应符合下列要求：

① 变压器的铁芯和绕组间的屏蔽，必须有一点可靠接地。

② 直接与外部供电系统连接的电源变压器，其熔断器的额定电流不应大于变压器额定电流。

（4）独立供电的本质安全型电气设备的电池型号、规格，应符合其电气设备铭牌中的规定，严禁任意改用其他型号、规格的电池。

（5）防爆安全栅应可靠接地，其接地电阻应符合设计和设备技术条件的要求。

（6）本质安全型电气设备与关联电气设备之间的连接导线或电缆的型号、规格和长度等，应符合设计规定。

（7）本质安全电路除严格按设备说明书要求接线外，其外部配线的分布电容、电感量必须符合设备所提要求。

（8）本质安全型电话单机与总机连接线之间必须安装安全栅，安全栅不得安装在爆炸危险场所内。

七、防爆通信装置安装

（1）油库作业中，爆炸危险场所用的通信联络设备必须是防爆的，其防爆等级不应低于场所的防爆等级。轻油洞库应使用隔爆型（或本安型）电话单机和隔爆型电话插销。本安型电话单机与总机之间必须有安全隔离装置（安全栅关联设备），当采用隔爆型电话单机或隔爆型与本安型复合型的电话单机时，必须按钢管配线或铠装电缆配线。

（2）覆土轻油罐旁的普通电话机插销应距离油罐呼吸阀口、测量口 15m 以外；地面轻油罐旁的普通电话插销，应设在距离罐体外壳 5m 以外空间，且位置应高于防护堤。

（3）轻油洞库的防爆通信系统，在洞外非爆炸危险场所必须装设电话线避雷装置。在线路进洞之前，应加装双投式控制开关，做到作业完毕后，切断洞内通信电源。

（4）有线通信设备选用隔爆型电器设备时，线路应符合本章第三节"一、电缆配线工程"和"二、钢管配线工程"的要求；安装应按本章第四节"三、隔爆型电气设备"的要求。设备为本质安全型时，线路应符合本章第三节"三、本质安全电路与本质安全关联电路配线"的要求；安装应按本节"六、本安型电气设备安装"的要求，非防爆无线通信设备不得在爆炸危险场所使用。

八、防爆自动化仪表安装

（1）爆炸危险场所的自动化仪表必须是防爆的，其防爆等级不得低于场所的防爆等级，其配线和安装必须符合有关规程条文规定。未经国家指定检验机关作防爆鉴定的任何仪表，不得用于爆炸危险场所。

（2）本安型仪表电路的外部线路一般不应有中间接头，在特殊情况下必须应在防爆接线盒内进行，严禁采用缠绕、绝缘布(带)包扎等方法连接。

（3）应采取必要的措施，保证在仪表关闭停止工作时，通向爆炸危险场所的一切外部线路、设备不带电。

（4）本安型电气设备安装时，线路应符合本章第三节"三、本质安全电路与本质安全关联电路配线"的要求；安装应符合本节"六、本安型电气设备安装"的要求。

第五节　防爆电气设备安装图例

防爆电气设备安装是运行与检修中的一项经常性工作，根据油库防爆电气设备运行与检修中存在的问题，把常用的防爆电气设备安装的技术要求，用图例予以说明。

一、防爆电动机进线隔离密封

（一）防爆电动机挠性连接管进线隔离密封
防爆电动机挠性连接管进线隔离密封见图 6-4。与防爆挠性管相连的预埋钢管露出地面的高度，应根据挠性管长度决定。选用时，应注意挠性连接管与电动机接线盒，以及与钢管之间的连接螺钉尺寸的配合。

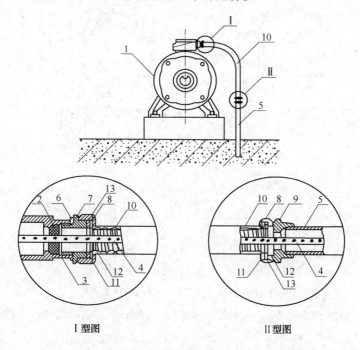

Ⅰ型图　　　　　　　　　Ⅱ型图

图 6-4　防爆电动机挠性连接管进线隔离密封

1—防爆电动机；2—密封垫；3—垫圈；4—非铠装电缆或导线；5—钢管；6—锁紧螺母；
7—管螺纹接口；8—接头螺母；9—螺纹接口；10—防爆挠性连接管；11—外接头；
12—内接头；13—密封垫

(二) 防爆电动机电缆进线套管隔离密封

防爆电动机电缆进线套管隔离密封见图 6-5。在图 6-5 中只表示防爆电动机电缆配线时，隔离密封部分的做法，共有六种。Ⅰ型为用自黏性胶带缠绕，直到严密为止，缠绕后和外直径见表 6-5。Ⅱ型为用密封泥密封法；Ⅲ型为压紧螺母式；Ⅳ型为压盘式；Ⅴ型为高压电缆的进线装置；Ⅵ型为铠装电缆进线装置的隔离密封。电缆如为非铠装电缆时，为防机械损伤，电缆应有金属管或保护罩保护。

表 6-5　自黏性胶带缠绕后的外径尺寸表

电缆外径 DN(mm)	15	20	25	32	40	50	70	80	100
缠绕后外径 D_1(mm)	30	40	50	60	70	80	100	120	150

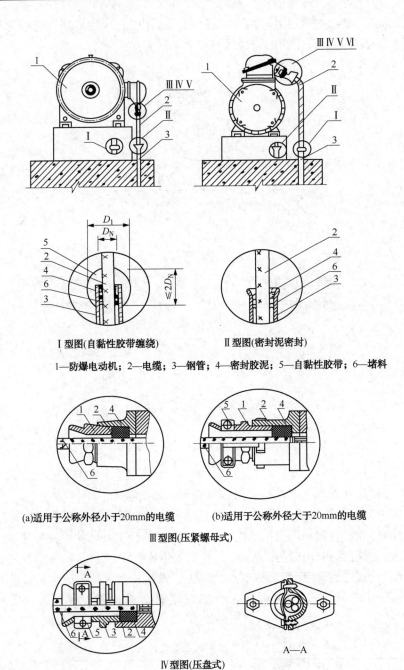

Ⅰ型图(自黏性胶带缠绕)　　　　Ⅱ型图(密封泥密封)

1—防爆电动机；2—电缆；3—钢管；4—密封胶泥；5—自黏性胶带；6—堵料

(a)适用于公称外径小于20mm的电缆　　(b)适用于公称外径大于20mm的电缆

Ⅲ型图(压紧螺母式)

Ⅳ型图(压盘式)

图6-5　防爆电动机电缆进线隔离密封

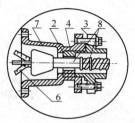
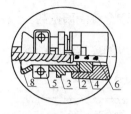

V型图(高压电缆进线装置)　　　　　Ⅵ型图(铠装电缆进线装置)

图 6-5　防爆电动机电缆进线隔离密封(续)
1—压紧螺母；2—金属垫片；3—压盘；4—弹性密封圈；5—防电缆拔脱及防松装置；
6—电缆；7—接线盒体；8—铅皮及铠装接地

二、钢管、电缆穿墙或楼板隔离密封

钢管、电缆穿墙或楼板隔离密封见图 6-6。图中①处采用 200 号细石混凝土二次灌浆或用其他非燃性材料严密堵塞，固化后不应有裂缝或间隙。

图中 DN 为管子的公称直径。

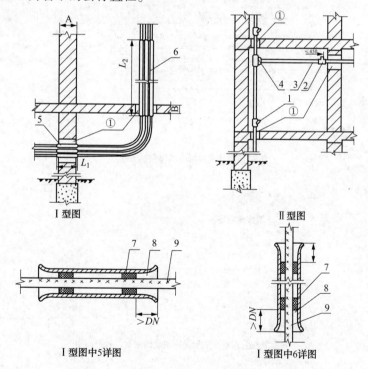

图 6-6　钢管、电缆穿墙或楼板隔离密封
1，2—隔离密封盒；3—钢管；4—防爆接线盒；5—保护管；
6—套管；7—堵料；8—密封胶泥；9—电缆

三、电缆沟穿墙隔离密封

电缆沟穿墙隔离密封见图 6-7（图中尺寸为 mm）。

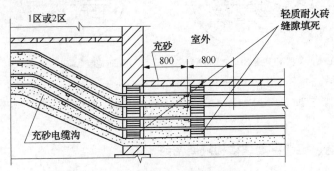

(a)由室外引入爆炸危险区电缆沟密封方法

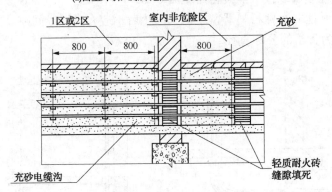

(b)通至爆炸危险区电缆沟密封方法

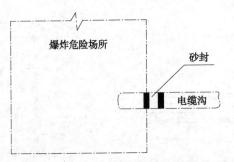

(c)由室外引入爆炸危险场所电缆沟密封位置平面图

图 6-7　电缆沟穿墙隔离密封

（1）电缆沟从非危险区进入危险区或穿过不同等级危险区之间的隔墙处，均需采用非燃性材料严密堵塞。

（2）电缆沟内应充填干净的、无腐蚀的，且不会造成机械损伤的细砂。

（3）电缆穿过轻质耐火砖砌成的挡砂隔墙时，应采用非燃性材料或密封胶泥密封。

（4）电缆沟应考虑排水措施，但不应通过或破坏隔墙处的密封。

四、电缆埋设及标桩

电缆埋设及标桩见图6-8（图中尺寸为mm）。挖电缆沟时，如遇垃圾等有腐蚀性杂物，须清除换土。沟底须铲平夯实，电缆周围土层须均匀密实。盖板采用预制钢筋混凝土板；如电缆数量较少，无条件做混凝土板时，也可用砖代替。埋设电缆标桩应满足设计要求。

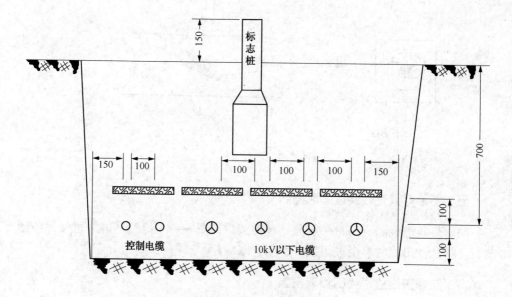

(a)电缆埋设

图6-8　电缆埋设及标桩

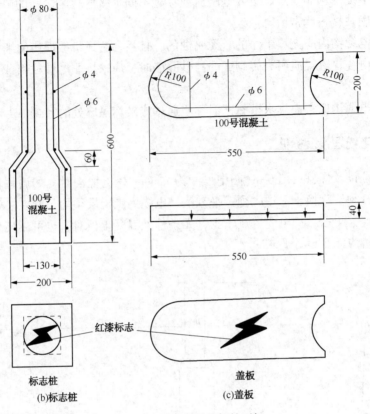

图 6-8　电缆埋设及标桩(续)

五、防爆灯具进线装置隔离密封

防爆灯具进线隔离密封一般分三种类型,见图 6-9。荧光灯进线可参照该图执行。接线盒出线的多余进出线口,用管塞堵死。

六、防爆接线盒进线口隔离密封

防爆接线盒进线口隔离密封见图 6-10。当采用电缆进线时,防爆接线盒一般有压盘式和压紧螺母式两种隔离密封装置。图 6-10 中Ⅱa(压紧螺母式)和Ⅱb(压盘式)隔离密封见图 6-5 中Ⅲ型图(压紧螺母式)和Ⅳ型图(压盘式)。当采用钢管布线引入装置时,见图 6-10 中Ⅲ型图(钢管布线引入装置)。当采用铠装电缆进线时,铠装电缆钢带应与外壳的接地螺栓连接。

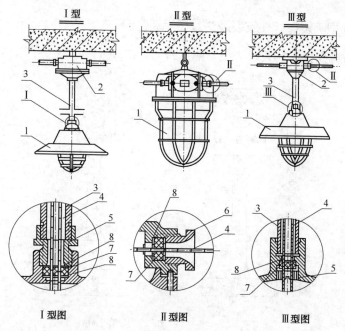

图 6-9　防爆灯具进线装置隔离密封

1—防爆灯具；2—防爆接线盒；3—钢管；4—电线或电缆；5—管接头；

6—喇叭接线口；7—弹性密封圈；8—金属垫圈

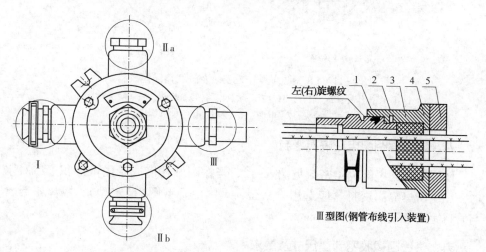

图 6-10　防爆接线盒等进线口隔离密封

1—压紧螺母；2—金属垫圈；3—密封圈；4—连接节；5—接线盒

七、LB 型防爆操作柱安装及进线口隔离密封

LB 型防爆操作柱安装及进线口隔离密封见图 6-11。

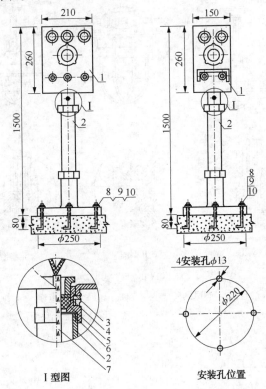

图 6-11　LB 型防爆操作柱安装及进线口隔离密封

1—防爆操作柱；2—钢管；3—内压紧螺母；4，9—垫圈；5—弹性密封圈；
6—管接头；7—电缆；8—螺母；10—地脚螺栓

八、防爆照明配电箱隔离密封

防爆照明配电箱隔离密封见图 6-12。当在潮湿环境或管内可能积聚冷凝水时，图中防爆隔离密封盒应选用排水型，见图中Ⅲ型图（排水型），隔离密封盒与管口距离 H 不得大于 450mm。

九、进线口橡胶密封垫尺寸及要求

进线口橡胶密封见图 6-13。装密封圈的孔径 D_0 与密封圈外径 D 配合的直径差应不大于表 6-6 规定，密封圈采用邵尔硬度为 45~55 度的橡胶制造，橡胶材料应能承受规定的老化试验。

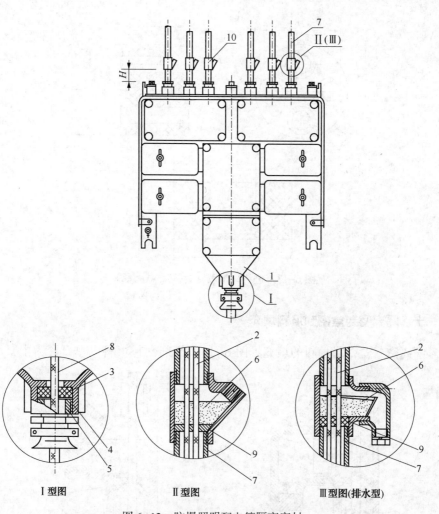

图 6-12　防爆照明配电箱隔离密封

1—防爆照明配电箱；2—导线；3—弹性密封垫；4—垫圈；5—外压紧螺母；

6—粉剂密封填料；7—钢管；8—电缆；9—堵料；10—防爆隔离密封盒

表 6-6　进线口橡胶密封垫规定尺寸

D	D_0-D	$D\pm1.5\mathrm{mm}$	$(d\pm1)\mathrm{mm}$
$D<20$	1.0	$A>0.7D_1$(不小于 10mm)	$A>0.7d$(不小于 10mm)
$20<D\leqslant60$	1.5	$B>d/2$(不小于 4mm)	$B>0.3d$(不小于 4mm)
$60<D$	2.0	$C<d/2$(不小于 4mm)	

注：$D_1=n$ 个 ϕd 孔外接圆直径。

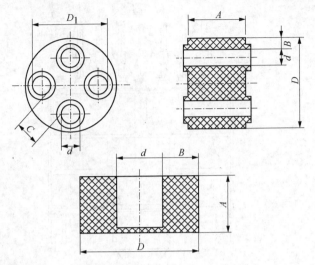

图 6-13 进线口橡胶密封垫尺寸及要求

十、隔离密封盒密封填料填充

隔离密封盒密封填料的填充见图 6-14。粉剂密封填料以熟石膏为主要原料

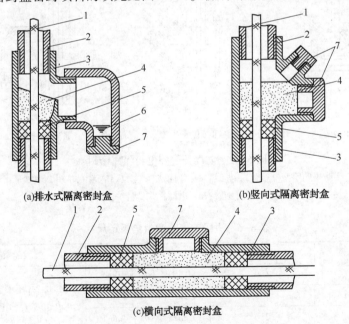

(a)排水式隔离密封盒

(b)竖向式隔离密封盒

(c)横向式隔离密封盒

图 6-14 隔离密封盒密封填料填充

1—电缆；2—钢管；3—隔离密封盒体；4—粉剂密封填料；5—堵料；6—积水处；7—丝堵

加其他药品按一定比例配制而成。使用时按照填料和水 100∶63.5 的比例配制，先加水，再加填料，边加边搅拌，搅拌 1~2min 均匀即可。搅拌速度每 60r/min 为宜。填注时，边搅拌边注入隔离密封盒内，充满填实，待其硬固。

十一、防爆电话机安装

防爆电话机安装见图 6-15。隔爆型电话用在爆炸危险场所的线路应采用铠装电缆或钢管布线。隔爆型电话进出线口应按图 6-10 要求进行安装。本安电话在爆炸危险场所的线路应采用橡套电缆，并按要求加保护管，屏蔽电缆可不加套管。

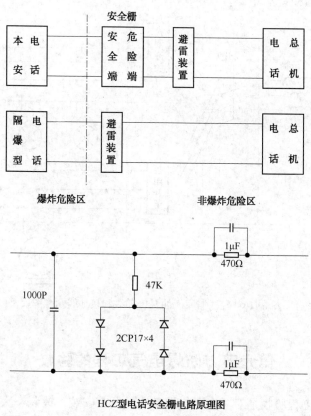

HCZ型电话安全栅电路原理图

图 6-15　防爆电话机安装

十二、轻油洞库、油泵房零线和接地线示意图

轻油洞库、泵房零线和接地线示意图见图 6-16。

（1）轻油洞库、泵房接地应为 TN-S 系统，图中 A、B、C 为相线，N 为中性线，PE 为专用保护接地干线。

（2）专用接地线在洞外部分可选用扁钢，采用裸线埋地敷设时，洞口可不做重复接地。配电盘、配线铠装电缆钢带（钢管）要做接地。

（3）专用保护接地干线应与变压器中性点直接相连。直接相连确有困难时，可与零线重复接地相连，但其接地电阻不得大于 4Ω，零线终端也应重复接地。

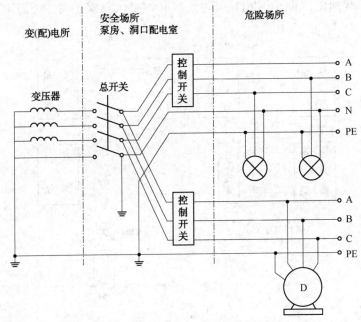

图 6-16　轻油洞库、油泵房零线和接地线示意图

第六节　防爆电气工程的验收

防爆电气工程验收是对防爆电气设备质量及其安装、改装、大修、检修质量的总检验，是油库防爆电气设备运行与检修中的一项重要工作内容。

一、交接验收组织

（1）凡新建、扩建和改建的工程项目，爆炸危险场所的电气工程竣工后，应由设计单位、施工单位和使用单位代表组成验收小组，按国家有关规范、标准和规定进行专项交接验收。

（2）防爆电气设备的安装、改装、大修、检修完毕后，未经油库领导或相关技术负责人检验合格后，不得办理交接手续和投入使用。

二、验收检查项目

防爆电气设备的验收除应按一般电气工程中规定的项目检查外，还应符合下列要求：

（1）爆炸危险场所区域等级划分应明确、合理。

（2）防爆电气设备的选型和配线应符合要求。

（3）防爆电气设备特别要注意下列检查：

① 防爆电气设备应有防爆标志、铭牌及防爆合格证号；

② 防爆电气设备应完整，无破坏损伤痕迹，零（附）件及设备附带的备品、备件齐全；

③ 防爆电气设备的进、出线口密封完好，多余进出线孔可靠密封；

④ 隔爆面完好。

（4）施工安装工艺及质量应符合本规程以及国家有关规范要求。

（5）试运转情况良好。

（6）采取的防爆措施应全面。

三、试车

（1）试车前，设备应全部安装完毕，土建也应完成下列工作：

① 由于电气装置安装工程中，造成建筑物存在的个别缺陷，应进行修补或粉刷；

② 电气设备基础的二次灌浆和抹面。

（2）防爆电气设备在试车前，应制订操作规程和安全措施，保证在设备附近无爆炸性混合气体，并经主管领导批准后，方准送电试车。

（3）试车中应详细记录设备运转情况及各种参数。

四、交接验收手续

（1）交接时，应列出交接文件清单，除应提交设计资料、施工资料外，还应提交下列资料：

① 竣工图和变更设计证明文件或说明书。

② 制造厂提供的产品说明书、试验记录、合格证件及安装图纸等技术资料。

③ 各种电气设备的安装、调试、绝缘检测、试车、检修记录。

④ 隐蔽工程记录和各接地装置的接地电阻值的测量记录。

⑤ 信号、联锁、自控、指示、分析仪表，检测与报警、通信等设备的安装调试记录。

（2）交接完毕后，交、接主管领导和技术人员代表应在交接文件上签字。技术文件分别归入各设备的技术档案。

第七章　防爆电气设备的运行及检修

做好防爆电气设备的运行与检修是保证油库防爆电气设备技术性能良好及整体防爆性能可靠所必不可少的工作，也是油库安全、可靠、正常运行所必须的环节。

为了搞好防爆电气设备检查维护与检修工作，油库防爆电气设备检查维护与检修人员应当了解与掌握与防爆电气设备检查维护与检修有关的名词、术语含义，见表7-1。

表7-1　防爆电气设备检查维护与检修相关名词术语的含义

名称	含　义
可使用状态	考虑合格证的要求后，允许更换或修复所用零件而不会损坏这类零件电气设备的电气性能和防爆性能的一种状态
检查	一种为了对设备的状态得到可靠的结论，采用不拆卸或所需的局部拆卸并辅以一些测试措施而进行的仔细检查活动
目测检查	用肉眼而不用检修工具或设备来识别可见缺陷的一种检查方法。一般不需打开外壳或切断电源，如"螺钉丢失"等
细致检查	包括目视检查以及只用检修设备和工具才能明显识别的缺陷，如螺栓松动等项目检查。细致检查一般不要求打开外壳或设备断电
详细检查	包括细致检查以及只有打开外壳和(或)采用工具和测试装置才能明显识别的缺陷，如接线端子松动等项目检查
初期检查	对所有的电气设备、系统和装置在投入运行之前进行的检查
定期检查	对所有的电气设备、系统和装置在规定期限内进行的检查
样品检查	对一部分设备、系统和装置进行的检查
维护	维持安装的电气设备处于完全可使用状态的例行活动。即将产品保持在或恢复到符合有关技术条件要求状态，并实现所规定功能的一些活动的组合
修理	使发生故障的电气设备恢复到完全可使用状态，并符合有关标准要求的活动
大修	把已经使用或储存一段时间，但不一定发生故障的电气设备恢复到完全可使用状态的活动
修复	是修理的一种，对已经损坏的待修零件去除或增加材料，根据有关标准使其恢复到完全可使用状态
改造	对电气设备结构、材料、形状和功能的变动
修理标志	显示电气设备修理后特征的标牌和符号

第一节　防爆电气设备检查维护与检修的意义及依据

了解和掌握防爆电气设备检查维护与检修的意义、依据和相关概念，对于正确实施防爆电气设备检查维护与检修具有现实指导作用。

一、检查维护与检修的意义

根据 GB 3836.16—2006《爆炸性气体环境用电气设备 第 16 部分：电气装置的检查和维护（煤矿除外）》规定，鉴于安全的原因，危险区域内运行的电气设备在其整个寿命期间，要始终保持它们使用功能的安全性、完整性和可靠性，为此规定对其进行检查维护。

防爆电气设备在试制和定型时，由防爆检验单位按照相关防爆标准对其图纸文件、样机进行防爆审查和检验，其结果合格并取得防爆合格证后才允许投入生产和销售；防爆电气设备制造厂按照经检验机构检验合格的图纸文件生产的防爆设备，经过规定的出厂检查和试验合格后才允许出厂。因此，一般来说，新的防爆电气产品的防爆安全性能是满足标准要求的。但由于防爆电气产品的使用环境条件一般比较恶劣，如高温高湿、化学腐蚀、振动、超负荷运行等，常会导致防爆电气设备原有的机械性能、电气性能和防爆性能受到不同程度的损伤或破坏。例如一台隔爆型电动机，在运行期间隔爆外壳可能会受到外力冲击产生裂纹和变形，轴承由于润滑不良而损坏，定子绕组由于长时间受热绝缘老化而击穿烧坏，隔爆外壳的防爆接合面会受到腐蚀性介质的作用发生锈蚀和损坏，等等。其他防爆电气设备也会发生类似的情况。

由于防爆电气设备的使用环境中存在有爆炸性气体，防爆电气设备发生的故障，将直接影响周围环境安全。为此，国家各个相关部门、使用单位对防爆电气产品的管理都很重视，在加强对产品监管认证提高其产品质量的同时，还加强对使用中的防爆电气产品进行定期或不定期检查，加强对正常运行的设备进行保养维护，对有故障的电气设备进行修复或修理。世界各国对防爆电气设备的检修也很重视，本着既"安全可靠"又"经济合理"的思想，各个国家都制定了本国的防爆电气设备检修标准或指导性文件。

二、检查维护和检修依据

长期以来，我国没有关于防爆电气设备修理方面的国家标准，仅有一些部门制定的暂行规定，检修工作很不规范。1982 年，劳动部等八部委联合发布的《爆炸危险场所电气安全规程(试行)》，曾对防爆电气设备检修做了一些规定，1997年发布了 GB 3836.13—1997《爆炸性气体环境用电气设备的检修》，防爆电气设备检修才有了指南。目前执行的标准为 GB 3836.13—2013《爆炸性环境 第13部分：设备的修理、检修、修复和改造》。除此之外，制造标准、场所划分、设备选型与安装标准、工程施工及验收标准等，都是防爆电气设备检查维护与检修工作中的主要依据。

第二节　防爆电气设备管理

为保证油库整体防爆性能，在防爆电气设备运行管理中，还应采取一些与防爆相关的措施，如安全技术培训与教育，防止油品泄漏、油气积聚的措施，防爆工具与音像设备使用，以及事故条件下的防爆措施等。

一、防爆电气设备管理要求

(1) 油库应绘制爆炸危险场所平面图，在每个场所设置该场所危险等级的标志牌。

(2) 防爆电气设备的安装、专业性检查和检修应由经过防爆技术培训的电气技术人员负责，其他人员不得擅自操作。

(3) 油库内所有防爆电气设备均应统一分类编号，建立设备档案。从设备的安装、试车、运行、检修，直到设备的防爆降级、报废等，都应将各个不同时期的各种技术数据收集齐全，整理归档。

(4) 油库应绘制接地系统(电气接地、防静电接地、防雷电接地)图，接地电阻测量值的记录应作为技术资料妥善管理。

(5) 油库必须建立防爆电气设备检查保养与检修制度和防爆安全教育、技术培训、考核制度。

(6) 按照防爆电气设备的检查维护与检修制度做好防爆电气设备的检查维护与检修，认真分析研究发现的问题与存在的缺陷，及时总结经验。

二、电气防爆安全技术教育与培训

(1) 油库应把电气防爆作为油库安全的一个重要内容，列入年度训练计划，必须在全体人员中进行防爆安全教育。凡是油库规章制度、设备普查、安全检查都应有电气防爆方面的具体要求。各单位应根据实际情况，制订实施细则或补充规定。

(2) 在爆炸危险场所的工作人员必须经过电气防爆安全技术培训。一般人员应了解油库防爆电气的基本知识；电气设备操作人员还要熟知分管的电气设备的各种防爆性能、维护知识、正确操作方法等；分管防爆电气的技术人员应充分了解防爆知识，掌握本库各类防爆电气设备的基本安装和检修方法，负责建立防爆电气设备技术档案，指导其他人员执行电气防爆安全规程。

（3）在爆炸危险场所的工作人员，应根据其工作任务不同进行分类，每年进行一次防爆电气安全技术考核，考核不及格的应暂时脱离岗位，待补考及格后，方准上岗。防爆电气从业人员（电工）每二年应培训一次，由主训单位或相关院校考核，考核合格的发给专业证书。分管防爆电气的技术干部应由各大单位或相关院校组织培训和考核，每三年进行一次。

（4）油库防爆电气安全技术与管理应由油库领导分工负责，认真贯彻和执行本规程的各项规定。对认真执行规程有显著成绩者，应予以表彰和奖励，对违反本规程造成事故者，应予追究责任。

三、其他防爆管理措施

（一）防止产生爆炸的基本措施

（1）工艺设计时应消除或减少易燃液体、可燃气体的泄漏，其具体措施有：

① 将爆炸危险物质限制在密闭容器内；

② 防止阀门、油泵、测量孔泄露和油气逸散；

③ 油槽（罐）车装卸油作业时，必须在口部盖上石棉被或采取油气回收措施；

④ 油罐清洗时，应采取管道排油气；

⑤ 减少打开油罐量油口次数或缩短打开时间。

（2）防止爆炸性混合气体的形成和积聚，降低其达到爆炸极限的概率，可采取下列措施：

① 采用敞开式布置，以有利于场所内气体的扩散和对流；

② 设置必要的机械通风装置，并适时通风；

③ 设置自动测量仪器，对场所内的爆炸性气体浓度实行监测；

④ 在工艺布置及建筑上，限制和缩小危险区域的范围，减少爆炸性气体积聚的可能性。

（3）防爆工具及音像设备使用

① 在爆炸危险场所必须使用防爆工具（铝青铜或铍青铜合金工具）。在0区必须经过充分通风后，才准许使用防爆工具；

② 在特殊情况下，1区、2区临时使用普通工具，必须采取有效通风措施，并确认爆炸性气体混合物浓度在爆炸下限的4%以下时，才可进行；

③ 爆炸危险场所避免铁与铁等一切可能发生火花的碰撞。泵房、罐间和洞库

的钢制门窗、门锁等必须采取可靠的防碰撞火花措施；严禁穿金属钉外露的鞋；

④ 在爆炸危险场所严禁使用照相机、摄像机、收音机、录音机、对讲机、移动电话等非防爆音响、声像、通信器材。如工作特需必须使用时，应经过通风并检测油气浓度，确认在爆炸下限的 4% 以下时，才可使用，并尽可能避开有汽油场所。

（二）事故情况下的防爆措施

（1）当爆炸危险场所或非爆炸危险场所由于工艺设备事故损坏、误操作等情况发生时，致使该场所达到 0 区程度，在防爆上应采取如下措施：

① 立即切断通向该场所的一切电源(不得直接操作在危险场所的电源开关)，禁止使用一切电气设备；

② 采取有效措施，控制爆炸性气体或液体的继续泄漏和扩散；

③ 设立警戒线，严格控制火种，禁止无关人员和一切车辆进入该危险场所；

④ 加强自然通风，当采取机械通风时，只允许正压通风；

⑤ 在收集流洒的易燃液体时，要严防所用工具产生静电和碰撞火花；

⑥ 抢救人员应着防静电服(或棉制品服装)，若情况紧急无法着装防静电服时，应采取临时有效措施(如湿润所穿服装)，避免产生静电火花。严禁用化纤、丝绸织物作抢救工具或拖擦地面。

（2）当洞库内发生跑油事故或确认整条洞内油气浓度达到爆炸下限以上时，尚应做到：

① 禁止使用洞内通风机。必要时可使用移动防爆风机由洞外向里通风(离心式防爆风机可向外抽风)；

② 视实际情况，封闭洞口，防止事故蔓延、恶化；

③ 人员进入洞内必须带呼吸面具，最大限度地减少人员中毒及伤亡事故。

（三）防爆工作必备的工具和仪表

油库除配备常规的电工仪表与工具外，尚需配备其他防爆工具与仪表，见表7-2。

表 7-2 防爆工作必备的工具和仪表

必须配置的工具和仪表	结合油库实际选择配置的工具和仪表
携带式可燃气体测试报警仪	袖珍式数字显示电容仪
防爆袖珍式数字显示静电电压表	便携式电导率测定仪
抢修用防爆工具	袖珍式数字显示电阻计
移动防爆通风机及通风带	防爆型便携式氧气含量测定仪
	携带式压缩空气面具

第三节　防爆电气设备的维护检查

防爆电气设备运行中的维护检查分为日常运行维护、专业维护检查、安全检查三种。油库根据检查制度和检查范围做好维护检查，以保证防爆电气设备正常安全运行。

一、检查制度与检查范围

（一）检查制度

防爆电气设备检查可分日常运行维护检查、专业维护检查和安全技术检查三种。专业维护一般每半年一次，安全技术检查每半年或一年一次。

（二）检查范围

防爆电气设备检查，就是对防爆电气设备进行全面细致的检查和测试，努力找出存在的问题和缺陷，准确了解其技术性能和质量状况，为防爆电气设备检修打好基础。

防爆电气设备种类很多，油库常用的防爆电气设备分以下七类。这七类设备就是检查范围。

（1）照明设备。包括灯具、防爆灯开关、防爆接线盒、防爆活接头、隔离密封盒、穿线钢管等。

（2）动力和启动控制设备。包括防爆电动机、防爆磁力启动器、启动按钮、防爆插销等。

（3）电线、电缆。

（4）变配电设施。

（5）通信设备。包括防爆电话机、电话线、可视通信装置等。

（6）自动控制设备及仪表。包括各种自动测量和收发控制装置、监控装置、应用于爆炸危险场所的各种仪表等。

（7）其他设备。移动防爆设备，包括临时动用的机动油泵、加油机、临时灯、防爆手电筒等。

二、维护检查类别与检查内容

（一）维护检查类别

防爆电气设备维护检查类别主要分为日常运行维护检查、专业维护检查和安全技术检查三类。其检查方法有外观检查、解体检测和运行检查三种。

（二）日常运行维护检查

日常运行维护检查由运行操作人员进行。其主要内容是：

（1）应清除有碍防爆电气设备安全运行的杂物和易燃物品，保持防爆电气设备外壳及环境的清洁，经常检测设备周围爆炸性气体混合物的浓度。

（2）检查设备运行时的通风散热情况，使外壳温度不得超过产品规定的最高温度和温升。

（3）设备运行时不应受外力损伤，应无倾斜和部件摩擦现象。声音应正常，振动值不得超过规定。

（4）运行中的电动机应检查轴承部位，须保持清洁和规定的油量，检查轴承表面的温度，不得超过规定。

（5）检查外壳各部位固定螺栓和弹簧是否齐全紧固，不得松动。

（6）检查设备的外壳有无裂纹和损害防爆性能的机械变形现象。电缆进线装置应密封可靠。不使用的线孔，应用厚度不小于 2mm 的钢板密封。观察窗的透明板要完整，不得有裂缝。

（7）检查正压型电气设备内部的气体，是否含有爆炸性物质或其他有害物质，气量、气压应符合规定，气流中不得含有火花，出气口气温不得超过规定，微压(压力)继电器应齐全完整，动作灵敏。

（8）检查充油型电气设备的油位，应保持在油标线位置，油量不足时应及时补充，油温不超过规定，同时应检查排气装置有无阻塞情况和油箱有无渗油漏油的现象。

（9）设备上的各种保护、联锁、检测、报警、接地装置应齐全完整。

（10）检查防爆照明灯具是否按规定保持其防爆结构及保护罩的完整性。检查灯具表面温度不得超过产品规定值。

（11）在爆炸危险场所除产品规定允许频繁启动的电动机外，其他各类防爆电动机不允许频繁启动。

（12）正压型防爆电气设备，启动前均须先进行通风或充气，当通风或充气的总量达到外壳和管道内部空间总容积的 5 倍以上时，才准许送电启动。正压型防爆电气设备停用后，应延时停止送风。

（13）防爆电气的接地线应牢固，接地端子无松动，无明显腐蚀，无折断，铠装电缆的外绕钢带无断裂。

（14）电气设备运行中发生下列情况时，操作人员应采取紧急措施并停机，通知专业维修人员进行检查和处理。

① 负载电流突然超过规定值或确认断相运行状态时。

② 电动机或开关突然出现高温或冒烟时。

③ 电动机或其他设备因部件松动发生摩擦，产生响声或冒火星时。

④ 机械负载出现严重故障或危及电气、人身安全时。

（15）设备运行操作人员对日常运行维护和日常检查中发现的异常现象可以处理的应及时处理，不能处理的应通知电气维修人员处理，并将发生的问题或事故登记在设备运行记录本上。

（三）专业维护检查

专业维护检查应由电气专职维护人员进行，检查维护项目除日常运行维护检查项目外，其主要内容是：

（1）防爆照明灯具是否按规定保持其防爆结构及保护罩的完整性，按设计规定的规格型号更换照明灯泡、熔断器和本安型设备的电源电池。

（2）清理电气设备的内外灰尘，进行除锈防腐；根据环境条件，更换电缆钢管内吸潮剂或排水。

（3）检查设备和电气线路的完好状况及绝缘情况。

（4）设备上的各种保护、联锁、检测、报警、接地等装置应齐全、完整。

（5）检查接地线的可靠性及电缆、接线盒等完好状况。

（6）停电检查电器内部动作机件是否有超过规定的磨损情况以及接线端子是否牢固可靠。

（7）检查隔爆电器防爆面锈蚀情况，清除锈迹并涂防锈油。

（8）检查各种类型防爆电气设备的防爆结构参数及本安电路参数。

（9）检查控制仪表、检测仪表、电信等设备及保护装置是否符合防爆安全要求；是否齐全完好、灵敏可靠；有无其他缺陷。

（10）检查设备运行记录或缺陷记录上提出的问题，应及时处理，消除隐患；不能处理的应及时上报。

（四）安全技术检查

油库主管安全工作的领导组织有关的专业技术人员，按照各自分工管理范围，定期对防爆电气安全技术进行检查。除日常维护和专业维护检查的项目外，还应检查的项目有：

（1）检查爆炸危险场所设备运行操作、维护修理等有关人员是否熟知电气防爆安全技术的基本知识。

（2）检查防爆电气设备和线路的运行操作、维修等规程制度是否齐全及执行情况。

（3）依据技术要求，检查爆炸危险场所存在哪些问题。

（4）针对存在的问题提出解决的措施，并检查措施的落实情况。

（五）检查时应注意事项

（1）日常运行维护检查时，严禁打开设备的密封盒、接线盒、进线装置、隔离密封和观察窗等。

（2）专业维护检查时，必须切断电源后，在电闸上悬挂警告牌，才能打开设备盖子检查。

（3）不允许用带压力的水直接冲洗防爆电气设备。

（4）非防爆的移动型、携带式电气仪表禁止在爆炸危险场所使用。

（5）专业维护必须打开隔爆型设备的隔爆外壳时，应妥善保护防爆面。

（6）严禁带电更换灯泡，必须在隔爆外壳紧固后才准送电。

（7）严禁拆除或短接线路上的保护、联锁、监视及指示装置，保证设备正常运转。

（8）爆炸危险场所应使用防爆工具，对于可能产生撞击火花的工具以及非防爆的移动型、携带式电气仪表、照明灯具、通信设备等不得在爆炸危险场所使用。必须使用时，应经过通风并检测油气浓度，确认在爆炸下限4%以下时，才可使用。

三、油库常用防爆电气设备检查方法

油库常用防爆电气设备主要是防爆电动机与启动按钮、防爆荧光灯和汞灯、防爆照明开关和防爆插销、防爆配线与活接头等。

（一）防爆电动机与启动按钮

防爆电动机与启动按钮的检查方法见表7-3。

表7-3 防爆电动机与启动按钮的检查方法

方法 内容	外观检查		解体检测		运行检查	
	防爆电动机	启动按钮	防爆电动机	启动按钮	防爆电动机	启动按钮
场所选型	(1) 察看铭牌和标志。 (2)符合场所选型规定①					
配线	(1)察看电缆、引入装置等。 (2)电缆、引入装置连接牢固，无松动②		(1)检测配线、查接线柱、引入方法及引入装置的密封填料是否符合要求；接线柱有无松动。 (2)配线电阻符合规定；接线柱无锈蚀、连接牢固；引入方法正确②，填料无老化			

内容 方法	外观检查		解体检测		运行检查	
	防爆电动机	启动按钮	防爆电动机	启动按钮	防爆电动机	启动按钮
外观	(1)检查整体结构、外表防护油漆是否完整；铭牌是否清洁、有无损伤。(2)整体完整无裂纹、破损，无锈蚀，无污垢；漆层完好；标志清晰，位置明显；铭牌装订牢固					
电气性能			(1)用电表测绕组电阻。(2)绕组电阻符合要求	(1)检查电流表、指示灯。(2)电流表、指示灯完好	(1)检查运转声音、振动、温升及电流。(2)无异常噪声和振动，电流不超过额定值，温升符合要求	(1)检查按钮、电流表、指示灯。(2)按钮操作灵活，电流表、指示灯工作正常
防爆性能			(1)检查防爆接合面有无锈蚀、划痕、蚀坑等，测各防爆面的防爆间隙，密封胶圈有无失效。(2)防爆接合面无锈蚀、划痕、蚀坑等，防爆间隙符合表7-10至表7-13规定的值，胶圈无老化变形			

①0区不装电气设备；1区选隔爆型、本安型等；2区不能装普通电气设备。

②电缆引入的正确方法见图7-1和图7-2。

(二) 防爆荧光灯和汞灯

防爆荧光灯和汞灯检查方法见表7-4。

表7-4 防爆荧光灯和汞灯的检查方法

内容 方法	外观检查		解体检测		运行检查	
	荧光灯	汞灯	荧光灯	汞灯	荧光灯	汞灯
场所选型	(1)查看铭牌和标志。(2)符合场所选型规定①					

续表

内容＼方法	外观检查		解体检测		运行检查	
	荧光灯	汞灯	荧光灯	汞灯	荧光灯	汞灯
配线	(1)查电线引入装置的密封及连接。 (2)引入方法正确，密封胶圈不老化		(1)查配线规格、接线是否牢固可靠。 (2)配线线径不小于 2.5mm²，接线牢靠	(1)查配线规格、接线柱牢靠与否，密封胶圈状况。 (2)配线线径不小于 2.5mm²，接线柱完好，胶圈无老化变形		
外观	(1)查整体结构、外表防护油漆是否完整；铭牌是否清洁、有无损伤。 (2)整体完整无裂纹、无破损，无锈蚀，漆层完好，无污垢；标志清晰、位置明显；铭牌装订牢固					
电气性能			(1)检查镇流器、启辉器、灯管等电器元件。 (2)镇流器无烧痕，灯管两端无发黑	(1)检查灯泡、镇流器。 (2)灯泡功率不超过限定值，镇流器完好	(1)检查发光、温度、声音等。 (2)发光正常，无明显噪声，温度在规定范围内	
防爆性能			(1)检查防爆接合面有无锈蚀、划痕、蚀坑等，测各防爆面的防爆间隙，密封胶圈有无失效。 (2)防爆接合面无锈蚀、划痕、蚀坑等，防爆间隙符合表7-10至表7-13规定的值，胶圈无老化变形			

①0区不装电气设备；1区选隔爆型、本安型等；2区不能装普通电气设备。

（三）防爆照明开关和防爆插销

防爆照明开关和插销检查方法见7-5。

表7-5 防爆照明开关、防爆插销的检查方法

方法 内容	外观检查		解体检测		运行检查	
	照明开关	防爆插销	照明开关	防爆插销	照明开关	防爆插销
场所选型	(1)查看铭牌和标志。 (2)符合场所选型规定①					
配线	(1)检查电线引入装置的密封及连接。 (2)引入方法正确,密封胶圈不失效		(1)检查配线规格、接线是否牢靠。 (2)配线线径不小于 2.5mm², 接线牢靠	(1)检查配线规格、接线牢靠与否。 (2)配线线径不小于 2.5mm², 接线柱完好		
外观	(1)检查整体结构、外表防护油漆是否完整;铭牌是否清洁、有无损伤。 (2)整体完整无裂纹、无破损,无锈蚀、漆层完好,无污垢;标志清晰、位置明显;铭牌装订牢固					
电气性能			(1)检查电气连接、接地、绝缘等。 (2)接线牢靠,电阻值符合规定	(1)检查插销插入是否顺利、可靠。 (2)插接顺畅	(1)检查开关转动是否灵活。 (2)开关转动灵活	(1)电气连接情况是否良好。 (2)电气通断可靠
防爆性能			(1)检查防爆接合面有无锈蚀、划痕、蚀坑等,检测各防爆面的防爆间隙,密封胶圈有无失效。 (2)防爆接合面无锈蚀、划痕、蚀坑等,防爆间隙符合表7-10至表7-13规定的值,胶圈无老化变形			

① 0区不装电气设备;1区选隔爆型、本安型等;2区不能装普通电气设备。

（四）防爆配线与活接头

防爆配线与活接头检查方法见表7-6。

表7-6　防爆配线与活接头的检查方法

方法＼内容	外观检查		解体检测		运行检查	
	配线	活接头	配线	活接头	配线	活接头
场所选型	(1)察看铭牌和标志。 (2)符合场所选型规定①					
配线			(1)检查配线要求。 (2)符合有关规定			
外观	(1)检查钢管或电缆外壳是否完好。 (2)电缆、钢管无挤压扁、孔洞等	(1)检查有无裂缝、损伤。 (2)无裂缝、损伤	(1)检查配线。 (2)配线无破损			
电气性能			(1)绝缘和接地。 (2)外壳绝缘，接地通畅，电线无断裂			
防爆性能	(1)对照配线标准，检查钢管、电缆、电线及配件，检查密封、螺纹等。 (2)符合钢管配线和电缆配线的要求					

① 0区不装电气设备；1区选隔爆型、本安型等；2区不能装普通电气设备。

（五）注意事项

（1）检查人员应了解设备的结构、工作原理和拆装注意事项等。

（2）现场不得有超过标准的油气积聚，拆装检查前应检测油气浓度。

（3）除了检查设备的运行状况外，对设备进行其他项目的检查，均应切断设备的电源，并不得约时送电。

（4）检查现场要使用不产生冲击火花的防爆工具；检测仪器和仪表要有足够的精度，并进行正确的使用。

（5）检查中要谨慎操作，确保设备和人员的安全。严禁随意敲砸，乱扔乱放等违规操作。

（6）运行检查前，要确认设备的电气连接和机械连接全部处于完好状态。

（7）防爆电动机运行检查前应先转动几圈，确认无卡阻、碰撞现象。

（8）检查中要认真做好检测记录，确保检查质量。

（六）检查的结果及评估分析

对防爆电气设备检查测试结束后，应对检查测试的结果进行分析处理。

（1）通过防爆电气设备检查，基本掌握了防爆电气设备的技术状况。要对所有的防爆电气设备进行分类，分出设备性能的好中坏。填写防爆电气设备检查登记表，存档备查。

（2）对照国家防爆电气标准，对设备存在的问题做出科学的分析论证。分清哪些问题最多，哪些设备的问题多，哪些场所的问题多，为什么会出现这种情况，力争发现规律性的东西。

（3）对发现的问题进行分类，分出哪些是需要维护保养的内容，哪些是需要更换部件的内容；哪些是需要进行修理的部件；哪些是需要进行更换的设备。

（4）根据防爆电气设备检查的结果，通过科学的分析论证，综合考虑油库的人力（检修技术人员）、财力（大修经费和计划）、物力（检修设备）等各种因素，制订出切实可行的防爆电气设备检修方案。

第四节　防爆电气设备检修制度与检修类别

油库应根据检修制度做好检修工作，以保证防爆电气设备的技术性能。

一、检修制度与内容

（1）防爆电气设备检修分为一般性检修、专业性检修和工厂检修三种。一般性检修视实际需要随时进行；专业性检修一般两年一次；工厂检修根据具体情况确定。

（2）防爆电气设备检修的主要项目应包括：

① 对损坏和老化部件的更换；

② 对已损坏的各部件进行恢复原状的修理；

③ 对已损坏的电气设备进行综合性恢复原状的修理；

④ 对不符合标准的各类保护装置（如过电流、过电压、超温、超压、漏电、断相等）整定值进行校核；

⑤ 预防性的设备性能检验。

二、检修类别

1. 一般性检修

（1）一般性检修是对在日常运行维护检查中发现的问题和一部分在专业维护

检查中发现的故障进行检修，由油库组织实施。

（2）一般性检修的主要内容是：

① 日常的现场维护；

② 老化的零部件和紧固件或厂家说明不能进行修复的零件；

③ 更换损坏的玻璃、塑料或其他不稳定材料制成的部件；

④ 测试电机、电器和线路的绝缘电阻值；

⑤ 补充、更换设备润滑点上的润滑脂(油)；

⑥ 调整设备的机械操作机构、联锁机构以及保护装置的整定值；

⑦ 防爆面清理、除锈、涂防锈脂，并检查隔爆面完好程度；

⑧ 测量隔爆面间隙，检查外壳完好程度；

⑨ 检查接地线是否完好，测量接地电阻值；

⑩ 检查设备各接线部位有无松动和其他缺陷，并进行修复；

⑪ 检查设备进出线孔的密封情况，更换损伤变形或老化变质的密封圈。

2. 专业性检修

（1）防爆电气设备的专业性检修，必须由具有较高防爆电气设备知识和技术的专业人员进行，宜由大单位组织实施，有条件的单位可以自己组织实施，也可请厂家协助或以合同形式由厂家组织实施。

（2）专业性检修的主要内容有：

① 完成一般性检修内容；

② 设备解体检查和检修，并清除清扫设备内的污物；

③ 全面检验电气、机械结构，修理或更换其损伤的零部件；

④ 检查电机轴承磨损情况，更换不合格轴承；

⑤ 检查隔爆零部件，修复不合格的隔爆结合面；

⑥ 测量并调整隔爆间隙值；

⑦ 修复线圈的绝缘、焊接端子；

⑧ 外壳空腔内壁补涂耐弧漆、外部刷防腐漆；

⑨ 更换局部范围内不合格的电缆和配线钢管；

⑩ 更换已失灵或报废的开关、按钮等小型防爆电气设备。

3. 送工厂检修

防爆电气设备出现重大故障，且油库现场无法修复或油库缺少合格的检修人员时，应送工厂进行修理或请厂家来人检修。

三、检修要求和注意事项

（1）防爆电气设备的检修和检验，应由进行过防爆电气设备修理技术培训，并经考核合格的人员承担。

（2）在爆炸危险场所动火检修防爆电气设备和线路时，必须按规定办理动火作业审批手续。

（3）在爆炸危险场所禁止带电检修电气设备和线路；禁止约定时间送电、停电，并应在断电处挂上"正在检修，禁止合闸"的警示牌。

（4）防爆电气设备拆至安全区域进行检修时，现场的电源电缆线头应做防爆处理，并严禁通电。

（5）现场检修时，防爆电气设备的旋转部分未完全停止之前不得开盖；如防爆外壳内的设备有储能元件（如电容器、油气探测头等），应按规定，停电延迟一定时间，放尽能量后再开盖子。

（6）现场检修应首先检测爆炸性气体混合物的浓度，应在安全值以下；使用的检修工具和仪表等应符合防爆要求。

（7）应妥善保护隔爆面，不得损伤；隔爆面不得有锈蚀层，经清洗后涂以磷化膏或204防锈油。

（8）更换防爆电气设备的元件、零部件，一般宜向原生产厂家购买；允许外购时，其尺寸、型号、性能、参数、材质等必须与原件相一致；紧固螺栓不得任意调换或缺少。

（9）禁止改变本安型设备内部的电路、线路，如更换元件，必须与原规格相同；其电池更换必须在安全区域内进行，同时必须换上同型号、规格的电池。

（10）严禁带电拆卸防爆灯具和更换防爆灯管（泡），不得随意改动防爆灯具的反光灯罩，不准随意增大防爆灯管（泡）的功率；严禁用普通照明灯具代替防爆灯具。

（11）对检修完毕后不影响防爆性能的电气设备，其防爆标志应保持原样。并将检查项目、修理内容、测试记录、零部件更换、缺陷处理等情况详细记入设备的技术档案。检修后影响防爆性能的电气设备，应按 GB 3836.13 的规定加设修理标志。

第五节　防爆电气设备检修的内容及技术要求

防爆电气设备检修必须按照技术要求进行，否则，将影响防爆电气设备的整体防爆功能。

一、检修的内容

防爆电气设备检修的内容主要是对通过检查发现问题并加以整治。其内容主要有以下五个方面。

（1）整改场所选型及不符合安全距离方面的问题。包括在危险场所中安装的非防爆电气设备和与场所危险等级不符的防爆电气设备；对达不到安全距离的电气设备或设施进行整治。

（2）整改不符合规范的配线与安装。

（3）对所有防爆电气设备进行一次彻底的维护保养。

（4）维修或更换防爆电气设备已经损坏或失效的零部件；对有损伤的防爆接合面进行修理。

（5）更换损坏或失去维修价值的防爆电气设备。

二、检修的技术要求

防爆电气设备的种类较多，主要对隔爆电气设备、防爆电动机等油库常用设备的检修技术要求分别加以说明。

（一）隔爆电气设备的技术要求

1. 隔爆电气设备相关标准的技术要求

隔爆型电气设备相关标准的技术要求应符合表 7-7 的规定。此根据 GB 3836. 2—2010《爆炸性环境 第 2 部分：由隔爆外壳"d"保护的设备》整理。

表 7-7　隔爆型电气设备的技术要求

序号	项　目		技　术　要　求
1	标志		防爆电气设备应在主体部分明显地方设置标志；标志必须考虑到存在的化学腐蚀，清晰和耐久
2	铭牌		铭牌必须包括的内容：（1）制造厂名称或注册商标；（2）制造厂所规定的产品名称及型号；（3）符号 EX；（4）所应用的各种防爆型式的符号
3	防爆接合面	通用要求	接合面表面应进行防腐处理，但通常不允许使用漆或类似材料涂覆
		接合面宽度	接合面长度最少不小于 5mm，当接合面有损伤时，允许不修复使用和允许修复的条件，应符合表 7-9 规定
		表面粗糙度	表面的平均粗糙度不超过 $6.3\mu m$
		间隙	除了快开门或盖的情况，平面接合面之间不存在有意造成的间隙，倘若接合面之间有间隙，无论何处均不得大于表 7-10~表 7-13 所规定的最大值
		衬垫和 O 型圈	如果采用可压缩材料的衬垫，则该衬垫只应作为隔爆接合面的一个辅助件，而不能包括在隔爆接合面内
		螺纹接合面	螺纹接合面的最小啮合螺纹数为 5 条。当容积大于 $100cm^3$ 时，最小轴向啮合长度为 8mm；当容积不大于 $100cm^3$ 时，最小轴向啮合长度为 5mm

序号	项 目	技 术 要 求
4	操纵杆（轴）	靠外壳壁支撑的操纵杆或轴，其接合面宽度应不小于表 7-10~7-13 的规定；当操纵杆和轴的直径超过了表 7-10~表 7-13 规定的最小接合面宽度，其接合面宽度应不小于操纵杆或轴的直径，但不必大于 25mm
5	转轴和轴承	凡是转轴穿过隔爆外壳壁的地方，均应设置隔爆轴承盖，该轴承盖不因轴承的磨损或偏心而受到磨损
6	透明件	不允许对透明件重新胶粘或修理，只允许用原制造厂规定的配件替换。禁止用溶剂擦洗透明件，可以用家庭用清洁剂清洗，并符合 GB 3836.2—2010《爆炸性环境 第 2 部分：由隔爆外壳"d"保护的设备》中"8 透明件"的技术要求
7	紧固件	重装连接件的性能应不低于原装件，并符合 GB 3836.2—2010《爆炸性环境 第 2 部分：由隔爆外壳"d"保护的设备》中"10 坚固件"的技术要求
8	外壳机械强度	外壳允许局部补焊。补焊应消除应力，并进行水压试验。试验压力符合表 7-8 的要求
9	电缆和导线的引入及连接	电缆或导线的直接引入应采用不会改变外壳防爆性能的密封填料盖或密封圈的方法；电缆引入装置的正确安装详见：图 7-1 电缆直接引入装置示例，图 7-2 采用铠装电缆的直接引入装置示例

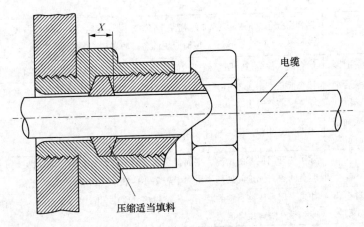

图 7-1　电缆直接引入装置示例

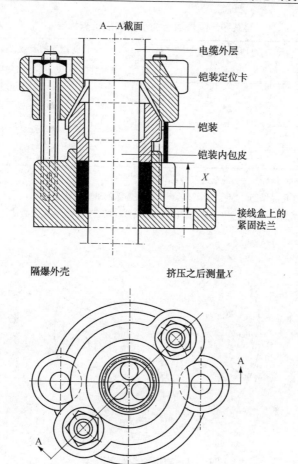

图 7-2　采用铠装电缆的直接引入装置示例

2. 水压试验压力值

水压试验压力值见表 7-8。

表 7-8　水压试验压力值

外壳容积 $V(\,cm^3\,)$		$V\leqslant 500$	$500<V\leqslant 2000$	$2000<V$
试验压力值（MPa）	I	0.35	0.60	0.80
	ⅡA、ⅡB	0.60	0.80	1.00
	ⅡC	1.50		

3. 隔爆面上的机械伤痕

隔爆面上机械伤痕不超过表 7-9 的规定。防爆面的有效长度见图 7-3。

表 7-9　隔爆面上的机械伤痕检查标准

防爆面长度 L(mm)	机械伤痕的深度与宽度（mm）	无伤防爆面的有效长度 L'(mm)	
		有螺孔的防爆面	无螺孔的防爆面
10			$L'>2/3×10$
15			$L'>2/3×15$
25	<0.5	$L'>2/3L_1$	$L'>2/3×25$
40			$L'>2/3×40$

注：（1）伤痕两侧高于无伤表面的凸起部分必须磨平。

（2）L_1 为有螺孔隔爆面，螺孔边缘至隔爆面的内边缘的最短有效长度。

（3）无伤隔爆面的有效长度 L'，应以几段无伤痕部分的有效长度相加计算之。

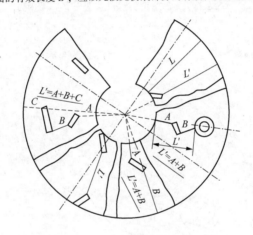

图 7-3　防爆面的有效长度

4. 外壳隔爆接合面的最小宽度和最大间隙

外壳隔爆接合面最小宽度和最大间隙见表 7-10～表 7-13，油库中使用的防爆电气设备大多属于ⅡB类。

表 7-10　Ⅰ类外壳隔爆接合面的最小宽度和最大间隙[①]

接合面宽度 L（mm）		与外壳容积 V(cm³) 对应的最大间隙[②]（mm）	
		$V≤100$	$V>2000$
平面接合面和止口接合面	$6≤L<12.5$	0.30	—
	$12.5≤L<25$	0.40	0.40
	$L≥25$	0.50	0.50

接合面宽度 L（mm）		与外壳容积 $V(cm^3)$ 对应的最大间隙[2]（mm）	
		$V \leqslant 100$	$V > 2000$
操纵杆和轴[3]	$6 \leqslant L < 12.5$	0.30	—
	$12.5 \leqslant L < 25$	0.40	0.40
	$L \geqslant 25$	0.50	0.50
滑动轴承的转轴[4]	$6 \leqslant L < 12.5$	0.30	—
	$12.5 \leqslant L < 25$	0.40	0.40
	$25 \leqslant L \leqslant 40$	0.50	0.50
	$L \geqslant 40$	0.60	0.60
带滚动轴承的转轴[5]	$6 \leqslant L < 12.5$	0.450	—
	$12.5 \leqslant L < 25$	0.60	0.60
	$L \geqslant 25$	0.750	0.750

① 除本表中给出数值外，表 7-11、表 7-12、表 7-13 中给出的那些数值可用于 I 类外壳。

② 对于操纵杆、轴和转轴其间隙是指最大的直径差。

③ 如果操纵杆或轴的直径大于本表所规定的隔爆接合面的最小宽度，按 GB 3836.2—2010 中 6.2 条。

④ 如果转轴的直径大于本表所规定的隔爆接合面的最小宽度，按 GB 3836.2—2010 中 7.1 条处理。

⑤ 单边间隙不得超过滑动轴承所允许的直径差（见 GB 3836.2—2010 中 7.2 条）。

表 7-11　ⅡA 外壳隔爆接合面的最小宽度和最大间隙[1]

接合面宽度 L（mm）		与外壳容积 $V(cm^3)$ 对应的最大间隙[2]（mm）		
		$V \leqslant 100$	$100 < V \leqslant 2000$	$V > 2000$
平面接合面和止口接合面[3]	$6 \leqslant L < 9.5$	0.30	—	—
	$9.5 \leqslant L < 12.5$	0.30	—	—
	$12.5 \leqslant L < 25$	0.30	0.30	0.20
	$25 \leqslant L$	0.40	0.40	0.40
操纵杆和轴[4]	$6 \leqslant L < 12.5$	0.30	—	—
	$12.5 \leqslant L < 25$	0.30	0.30	0.20
	$25 \leqslant L$	0.40	0.40	0.40

接合面宽度 L （mm）		与外壳容积 V(cm³) 对应的最大间隙② (mm)		
		V≤100	100<V≤2000	V>2000
滑动轴承的转轴⑤	6≤L<12.5	0.30	—	—
	12.5≤L<25	0.350	0.30	0.20
	25≤L<40	0.40	0.40	0.40
	40≤L	0.50	0.50	0.50
带滚动轴承的转轴⑥	6≤L<12.5	0.450	—	—
	12.5≤L<25	0.50	0.450	0.30
	25≤L<40	0.60	0.60	0.60
	40≤L	0.750	0.750	0.750

① 除本表中给出数值外，表7-12、表7-13中给出的那些数值可用于ⅡA外壳。

② 对于操纵杆、轴和转轴其间隙是指最大的直径差。

③ 对于 L≥9.5mm，间隙≤0.040mm，外壳容积不超过5800cm³ 只适用于平面接合面，而对于其他接合面无容积限制。

④ 如果操纵杆或轴的直径大于本表所规定的接合面最小宽度，按 GB 3836.2—2010 中 6.2 条。

⑤ 如果转轴的直径大于本表所规定的隔爆接合面的最小宽度，按 GB 3836.2—2010 中 7.1 条处理。

⑥ 单边间隙不得超过滑动轴承所允许的直径差(见 GB 3836.2—2010 中 7.2 条)。

表 7-12　ⅡB 外壳隔爆接合面的最小宽度和最大间隙①

接合面宽度 L （mm）		与外壳容积 V(cm³) 对应的最大间隙② (mm)		
		V≤100	100<V≤2000	V>2000
平面接合面和止口 接合面③	6≤L<9.5	0.20	—	—
	9.5≤L<12.5	0.20	—	—
	12.5≤L<25	0.20	0.20	0.150
	25≤L	0.20	0.20	0.20
操纵杆和轴④	6≤L<12.5	0.20	—	—
	12.5≤L<25	0.20	0.20	0.150
	25≤L	0.20	0.20	0.20
滑动轴承的转轴⑤	6≤L<12.5	0.20	—	—
	12.5≤L<25	0.250	0.20	0.150
	25≤L<40	0.30	0.250	0.20
	40≤L	0.40	0.30	0.250

续表

接合面宽度 L （mm）		与外壳容积 V(cm³)对应的最大间隙②(mm)		
		V≤100	100<V≤2000	V>2000
带滚动轴承的转轴⑥	6≤L<12.5	0.30	—	
	12.5≤L<25	0.40	0.30	0.20
	25≤L<40	0.45	0.40	0.30
	40≤L	0.60	0.450	0.40

① 除了本表给出的数据外，表 7-13 的数据也可用于ⅡB外壳。

② 对于操纵杆、轴和转轴，其间隙是指最大直径差。

③ 对于 $L≥9.5$mm，间隙≤0.04mm，外壳容积不超过 5800cm³ 的只能适用于平面接合面，对于其他接合面无容积限制。

④ 如果操纵杆或轴的直径大于本表所规定的接合面最小宽度，按 GB 3836.2—2010 第 6.2 条。

⑤ 如果转轴的直径大于本表所规定的接合面最小宽度，按 GB 3836.2—2010 第 7.1 条处理。

⑥ 单边间隙应不超过滑动轴承所允许的直径差（见 GB 3836.2—2010 第 7.2 条）

表 7-13　ⅡC 外壳隔爆接合面的最小宽度和最大间隙

接合面宽度 L(mm)		与外壳容积 V(cm³)对应的最大间隙(mm)				
		V≤100	100<V≤500	500<V≤1500	1500<V≤2000	2000<V≤6000①
平面接合面②	6≤L<9.5	0.10	—	—	—	—
	9.5≤L<15.8	0.10	0.10	—	—	—
	15.8≤L<25	0.10	0.10	0.040	—	—
	25≤L	0.10	0.10	0.040	0.040	0.040
止口接合面 （图2、3、4）	6≤L<12.5	0.10	0.10	—	—	—
	12.5≤L<25	0.150	0.150	0.150	0.150	—
	25≤L<40	0.150	0.150	0.150	0.150	0.150
	40≤L	0.20	0.20	0.20	0.20	0.20
止口接合面(图7-4) C≥6mm $d_{min}=0.5L$ L=c+d f=1mm	12.5≤L<25	0.150	0.150	0.150	0.150	—
	25≤L<40③	0.180	0.180	0.180	0.180	0.180
	40≤L④	0.20	0.20	0.20	0.20	0.20
圆筒接合面操纵 杆或轴⑤	6≤L<9.5	0.10	—	—	—	—
	9.5≤L<22.5	0.10	0.10	—	—	—
	12.5≤L<25	0.150	0.150	0.150	0.150	—
	25≤L<40	0.150	0.150	0.150	0.150	—
	40≤L	0.20	0.20	0.20	0.20	0.20

接合面宽度 L（mm）		与外壳容积 V（cm³）对应的最大间隙（mm）				
		$V \leq 100$	$100 < V \leq 500$	$500 < V \leq 1500$	$1500 < V \leq 2000$	$2000 < V \leq 6000$①
带滚动轴承的旋转电机圆筒轴承压盖接合面	$6 \leq L < 9.5$	0.150	—	—	—	—
	$9.5 \leq L < 12.5$	0.250	0.150	—	—	—
	$12.5 \leq L < 25$	0.250	0.250	0.250	0.250	—
	$25 \leq L < 40$	0.250	0.250	0.250	0.250	0.250
	$40 \leq L$	0.30	0.30	0.30	0.30	0.30

① 容积大于 6000cm³ 和任何一种尺寸大于 1m 的外壳应根据制造厂和检验单位所达成的协议来制定特殊要求。

② 乙炔和空气爆炸性混合物不允许采用平面接合机，但是如果 $L \geq 9.5$mm，间隙 ≤ 0.040mm，容积不大于 500cm³ 的情况除外。

③ 如果 $f \leq 0.5$mm，圆筒部分的 iT 可以增大到 0.20。

④ 如果 $f \leq 0.5$mm，圆筒部分的 iT 可以增大到 0.25。

⑤ 要特别注意磨损，如果操纵杆或轴的直径大于本表规定的接合面最小宽度，按 GB 3836.2—2010 第 6.2 条处理。

⑥ 止口接合图例见图 7-4~图 7-7。

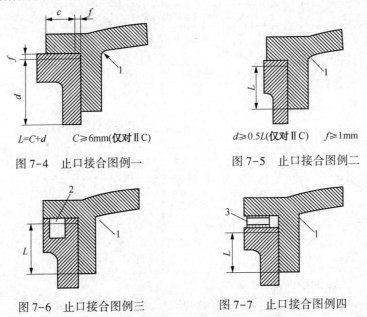

$L = C + d$ $C \geq 6$mm **(仅对 ⅡC)**

图 7-4 止口接合图例一

$d \geq 0.5L$ **(仅对 ⅡC)** $f \geq 1$mm

图 7-5 止口接合图例二

图 7-6 止口接合图例三

图 7-7 止口接合图例四

1—外壳内部；2—密封垫；3—金属或金属包覆的可压缩密封垫

（二）防爆电动机检修技术要求

（1）电动机解体时，必须将所有螺栓、刷架、垫铁等作好标记，防爆电动机必须保护好防爆面。

（2）拆（抽）装电动机转子时，要遵守下列规定：

① 抽出或装进转子，所用钢丝绳不应碰到转子、轴承、风扇、油环和线圈；

② 宜将转子放在硬衬垫上；

③ 应特别注意不使转子碰到定子；

④ 用钢丝绳栓转子的部位，必须衬以木垫。

（3）检修定子时，应用压缩空气把通风沟和线圈端部吹净。为了避免损坏绝缘，在定子线圈上清除污垢时，不得使用金属工具，必须用木质或绝缘板制成的剔片。

（4）检查定子铁芯时，应注意定子铁芯是否压紧，如果发现铁芯松弛，应在松弛处打入绝缘板制成的楔子；检查定子线圈的槽部时，应特别注意线圈的槽口部分。必须处理松动和变色的槽楔。

（5）检查线圈的端部时，须检查绝缘有无损坏和漆膜的状况。注意端部固定状况，发现端部有松弛的地方，应加上垫块，或用新的垫块和绑线把端部紧固；线圈端部绝缘漆膜发生龟裂、脱落，应重新加强绝缘。

（6）注意电动机内不应留下杂物。用兆欧表测定线圈的绝缘电阻。

（7）转子检修：

① 先用压缩空气将转子吹净；

② 检查线圈、线棒和接头焊接情况；

③ 检查并处理已松弛和损坏的楔条；

④ 检查风扇本身及其固定状况；

⑤ 检查滑环状况，滑环表面不平滑状况不应超过 0.5mm；

⑥ 检查转子线圈与绑线的绝缘状况，必要时，应加强绝缘。

（8）电刷与滑环面应吻合。刷子与刷握间应有 0.1~0.2mm 的间隙，各刷握下部边缘与滑环距离应为 2~3mm。电刷在滑环上压力应调整到不发生火花的最低压力，一般为 0.02~0.03MPa，各刷子的压力不得相差 10%。刷架与横杆应紧固，绝缘衬管、绝缘垫及滑环间无污垢，无损坏。刷架绝缘电阻应在 100MΩ 以上。

（9）局部或全部更换线圈或者受潮的电动机，应进行干燥，长期不用的电动机，应用摇表测量绝缘电阻，进而根据测量结果，判断电动机是否需要干燥。

（10）电动机分解后，拆下轴承，用煤油或汽油洗净。测定轴承的间隙超过允许值时，应更换滚动轴承。

（11）在检修冷却系统时，必须同时检查测温、风叶及其他附属装置。

（三）其他防爆电气设备的技术要求

（1）检修的方法符合国家规范规定的要求。

（2）设备的检修不得损坏其结构；更换零部件时，不得降低其整体的强度。

（3）防爆接合面(间隙处)不能涂覆漆膜。

（4）更换变形老化的密封胶圈，更换锈蚀、损坏的接线端子和损坏的连接螺栓及垫片时，注意最好使用原厂的备件，用原厂备件有困难的也可外协加工制作。外协加工制作时，要注意规格尺寸和材料等既要符合电气的、防爆的要求，又要符合场所的要求(例如密封胶圈要考虑耐油的要求)。

（5）更换防爆电气设备时，其安装应符合防爆电气标准的规定。

三、检修的方法及注意事项

（一）防爆电气设备检修的方法

1. 对防爆电气设备的维护保养

对防爆电气设备表面进行擦拭，铲除或清洗防爆电气设备表面和内部黏结的泥块、油垢等；对脱漆、锈蚀的表面进行防腐涂覆处理，补充或更换绝缘油、润滑脂(油)。

2. 修复或更换损坏的零部件

对已损坏的零部件进行恢复原状的修理；更换变形老化的密封胶圈、锈蚀、损坏的接线端子以及损坏的连接螺栓及垫片等；修复不合格的隔爆接合面，测量并调整隔爆间隙值。

3. 更换部分电气设备

更换经鉴定认为报废的防爆电气设备；更换经过大修虽能达到质量标准，但检修时间长，检修费用大于或接近于购置同型设备费用，经济上不合算的设备。

4. 整改一些不规范的安装

（1）对在危险区内安装的非防爆电气设备和达不到防爆要求的防爆电气设备，根据具体情况，进行恰当的检修，例如：轻油泵房配电室的门窗和毗邻的轻油泵房的门窗，达不到标准规定的距离要求(6m)，按照要求配电室的窗应进行封堵或改为固定窗；对洞口配电间的非防爆电气设备的处理，需将设备改为防爆型式的或将较为复杂的配电柜移到安全区的配电室内，此处仅安装简易的防爆开关等。

（2）对钢管配线中钢管穿墙跨区，未安装隔离密封盒的，安装隔离密封盒或接线盒，或者改为电缆—接线盒—钢管接线方式。

（3）重新安装不正确的电缆引入装置；选取合适规格的密封填料等。

（4）选取合适的元件封堵防爆电气设备上未正确封堵的孔洞。

（5）将埋入墙中或半埋于墙中的防爆电气设备重新进行安装。

油库常用防爆电气设备的检修方法见表7-14。

表7-14　油库常用防爆电气设备的检修方法

方法 设备	维护保养	检修更换	备注
电动机	清除电机外壳上的污垢、尘土和铁锈，补齐缺损的漆层；擦拭清理防爆接合面，重新涂覆磷化膏（或204防锈油），为轴承更换防锈锂基脂	更换老化变形的密封填料和胶圈，维修或更换损坏的接线柱，更换间隙过大的轴承等，更换损坏的连接件	更换的零部件应不低于原件的要求
启动按钮	清除外壳上的污垢、尘土和铁锈，补齐缺损的漆层；擦拭清理防爆接合面，重新涂覆磷化膏（或204防锈油）	更换老化变形的密封胶圈和接线端子；更换损坏的指示灯	
荧光灯	清理擦拭外壳表面的尘土和污垢，保养防爆接合面	更换损坏的灯管、镇流器；更换密封胶圈	
汞灯（含白炽灯、荧光灯）	清理擦拭外壳表面的尘土和污垢，保养防爆接合面	更换损坏的镇流器；更换灯泡	
照明开关	清理擦拭外壳表面的尘土和污垢，保养防爆接合面	更换损坏的接线柱；更换密封胶圈	
接线盒	清理擦拭外壳表面的尘土和污垢，保养防爆接合面	更换损坏的接线柱；更换密封胶圈	
配线	清理擦拭外壳表面的尘土和污垢，保养防爆接合面	更换损坏的配线钢管、电缆线	

（二）检修注意事项

（1）防爆电气设备的检修人员，应进行防爆电气设备修理知识的培训。

（2）维修前要明确维修内容；要准备好工具、材料和需要更换的零部件；要确认停电维修的必要性和停电的范围；要分清场所的性质，爆炸危险场所的危险程度，危险区域的类别等。

（3）在爆炸危险场所需动火检修防爆电气设备和线路时，必须办理动火审批手续。

（4）在爆炸危险场所禁止带电检修电气设备和线路，禁止约时送电、停电，并应在断电处挂上"有人工作、禁止合闸"的警告牌。

（5）检修时如将防爆设备拆至安全区域进行，现场的设备电源电缆线头应做好防爆处理，并严禁通电。

（6）在现场检修时，当防爆电气设备的旋转部分未完全停止之前不得开盖。如防爆外壳内的设备有储（电）能元件（如电容、油气探测头），应按厂家规定，停电后延迟一定时间，放尽能量后再开盖子。

（7）在现场检修中，不准使用非防爆型的仪表、照明灯具、电话机等。所用工具采用无火花防爆工具。

（8）应妥善保护隔爆面，隔爆面不得有锈蚀层，经清洗后涂以磷化膏或204防锈油。

（9）更换防爆电气设备的元件、零部件时，其尺寸、型号、材质必须和原件一样。紧固螺栓不得任意调换或缺少。

（10）禁止改变本安型设备内部的电路、线路。如更换元件，必须与原规格相同；其电池更换必须在安全区域内进行，同时必须换上同型号、规格的电池。

（11）严禁带电拆卸防爆灯具和更换防爆灯管（泡），严禁用普通照明灯具代替防爆灯具。不得随意改动防爆灯具的反光灯罩，不准随便增大防爆灯管（泡）的功率。

（12）检修完的防爆设备的防爆标志应保持原样。检修完毕后，应将检查项目、修理内容、测试记录、零部件更换、缺陷处理等情况详细记入设备的技术档案。

（13）在检查、检修防爆电气设备中，发现设备不符合技术要求，但一时又无合格备品时，为了不影响正常作业，可由油库提出安全防范措施并上报主管部门备案，对危险程度比较大的设备必须上报主管部门批准，但对设备问题仍需限期解决。

第六节　修理工厂应具备的条件与修理程序

防爆电气设备检修是一项专业性很强的工作，需要具备专业知识进行故障分析，查明原因，确定修理内容，制定修理方案和修理工艺。最后使产品恢复原有的性能。因此，一般修理厂不能承担这项工作。

一、修理工厂应具备的条件

（一）修理机构

修理工厂（单位）应具备的条件是：

（1）规定必须由具备一定设备能力、技术能力，并经主管部门和国家防爆电气产品检验单位共同认可，并取得防爆电气设备资格证书的工厂或车间承担。

（2）从事修理工作单位应具有工商管理登记执照，应配备专职或兼职的质量负责人和质量检验人员，应建立质量管理体系制度。

（3）修理单位应制定相应的修理工艺方法和规定，形成文件并贯彻执行。

（4）修理单位应制定相应的检查和试验规定，形成文件并贯彻执行；产品修理前的检查和修理后的检查试验均应有记录并建档保存。

（二）修理技术资料

修理工厂（单位）应具备必要的技术标准、规范，例如防爆基础标准、防爆产品标准、工艺文件和试验规范等。

（三）修理设备、工装和检验器具

修理单位应具有与修理工作相适应的加工设备、工具、工装以及检验器具。如果修理单位的自有设备不能满足全部需要，允许进行外协加工，但应有外协单位的质量调查资料和必要的质量保证措施。

（四）从业修理的人员

（1）修理单位应有专职或兼职的技术人员，负责修理的技术工作。技术人员应熟悉修理技术和有关防爆标准（规定），熟悉各类型防爆电气设备的结构原理、熟悉各类防爆电气设备安装、使用、拆装、配线的有关规定。

（2）修理单位应有熟悉防爆电气设备修理的注意事项，掌握修理技术的工人。

（3）从事修理的人员要定期进行专门培训，并取得培训合格证书。培训的内容应包括：防爆电气设备的防爆原理和防爆标志识别；各种防爆电气设备的特征及性能；防爆电气设备的标准和使用说明书；了解防爆电器设备上允许更换的零部件；修理技术；检验技术等。

（五）工作环境

修理单位应具有与修理工作相适应的工作场所和进行文明生产的环境。

（六）资格证书

修理单位应取得国家权威机构考核颁发的防爆电气设备修理单位资格证书。

二、修理程序

防爆电气设备的修理一般按照"登记入档——故障检查及修理——出厂检验"的程序进行。

（一）登记入档

（1）记录送修单位名称，联系人，电话号码。

（2）记录产品名称，型号规格，防爆标志，生产厂家，出厂日期，出厂编号，检修原因及要求等。

（3）了解产品使用环境，负载状况，故障原因。

（4）索求与该产品有关的资料，如使用档案资料、产品说明书、产品标准（或技术条件）、产品图样等。

（二）故障检查及修理

对于不能修复的产品应提出书面意见。

（三）出厂检验

产品出厂时修理单位应该向用户提供下列文件。

（1）设备故障检查情况，检修工作的情况说明。

（2）更换、修复部件的目录。

（3）改造说明、电气原理图。

（4）所有检查试验结果和修理合格证。

（5）如果是改造的产品还应进行有关防爆性能试验和型式试验。

上述文件资料修理单位也应存档备查。

三、设备故障检查和修理内容

（一）外部检查

（1）名牌、标志牌完好情况。

（2）外壳及外壳零部件完好情况（包括表面涂覆，锈蚀情况等）。

（3）外壳紧固螺栓完好情况。

（4）接地端子完好情况。

（5）进线装置完好情况。

（6）通电试运行，查明故障作好记录。

（二）内部拆检

拆检产品时务必小心进行，不要猛烈敲打撞击，以免造成新的变形和损坏。如果产品锈蚀严重，拆卸困难，可先涂上松动剂（如煤油，汽油）解除锈蚀后再拆卸。对于复杂的产品应注意拆卸顺序，并将拆下的零部件挂牌编号，容易丢失的小零件应集中放入专用容器中，紧固件最好拧到原有的螺孔。

例如，电动机的拆卸顺序：

（1）去掉端罩。

（2）去掉风扇。

（3）去掉轴承内外盖。

（4）去掉端盖。

（5）取出转子（注意不得碰伤定子绕组）。

（6）去掉轴承。

（7）拆接线盒部分的零件。

（8）重新组装时应按其相反顺序进行。

（9）拆检后将故障零件，以及外部检查存在的问题等列入故障报告表。

（三）修理

按照故障报告表的内容和委托方的要求对设备进行修理。修理应按照以下原则进行。

（1）对已损坏的绝缘件、密封件、浇封件、透明件以及螺纹等一般不进行修复。应重新制作或购买新件更换。

（2）修理或更换零件不得改变原零件的材料和结构形状。

（3）需要更换的零件应优先从制造厂购得。

（4）在设备修理时，如果涉及产品结构、主要材料、形状或功能方面的改变，这种修理按照定义属于"改造"。但仅仅在隔爆外壳内增加一个不产生附加危险的电器，或在防爆电动机上加设轴承测温传感器（传感器符合防爆要求，安装位置不影响电动机的防爆性能），则这类改动不属于改造。

（四）改造

防爆电气设备改造会影响设备的防爆性能，改造前应将改造方案送防爆检验单位审查，改造后应该由防爆检验单位进行防爆检验。例如在修理隔爆电动机时改变了电压或转速，则这种改变会间接影响电动机的表面温度，因此应按照改造对待。

（五）修理证明

防爆电气设备出厂时，经例行检查和试验合格后，制造厂对该产品的防爆安全承担责任。用户按照使用说明书的规定安装和使用电气产品，并且按规定进行维护和保养，制造厂仍然对该产品的防爆安全承担责任。

如果用户使用不当，或者维护保养不当，例如防爆接合面严重锈蚀失去隔爆性能，或者用户没有按照规定给增安型电动机配置合适的过载保护继电器等，则由用户承担防爆安全责任。

防爆电气设备经过修理，特别是防爆结构或对与防爆有关的零部件修理后，则该防爆电气设备防爆安全责任就发生了转移，防爆安全责任应由修理单位承担。因此，设备修理后，修理单位应该出具相应的证明——修理合格证，并且在设备上加设相应的标志。

1. 设备修理后的标志

设备修理后应该设置鉴别修理和修理单位的标志，标志可以加设在单设的修理标志牌上。如果设备修理后符合设备原有规定（设备图纸、技术条件、标准），标志为正方形框中有字母 R，即 R；如果修理后不再符合原图纸，但仍符合防爆标准的规定，则标志为倒三角形框中有字母 R，即 ▽R。如果修理后不再符合防爆标准的规定，则该设备已经不是防爆产品，应该将原来的防爆标志牌拆掉，以免混用，影响防爆安全。

2. 设备修理后的检验和发证

防爆电气设备检修后应进行必要的检验。出厂检验由修理单位的检验部门进行，并签发修理合格证，证明产品经修理后的性能。

经改造后的产品，须根据具体情况进行必要的型式试验和防爆性能检验。防爆性能检验须由国家认可的防爆检验单位进行。

防爆电气设备修理（包括改造）后的检验为两方面的内容。一方面是检验产品一般的机械性能和电气性能，例如电动机转矩、输出功率等，这些性能的检查和试验按照一般检验规范或规定进行。另一方面是防爆安全性能和与防爆安全有关的检验，例如隔爆型电气设备的隔爆外壳的机械尺寸检查和外壳表面温升试验等。检验的判据是修理后的设备是否符合图纸和（或）有关标准的规定。如果修理是在原制造厂进行的，可以检查修理后的设备是否符合图纸。但是，一般的修理单位没有图纸，可以依有关的防爆标准作为检查的依据。

检查和试验结果应详细记录并存档备查。

参 考 文 献

［1］总后油料部. 油库技术与管理手册［M］. 上海：上海科学技术出版社，1997.

［2］油库管理手册编委会. 中国石油天然气集团公司统编培训教材：油库管理手册［M］. 北京：石油工业出版社，2010.

［3］范继义. 油库设备设施实用技术丛书：油库防爆电气设备［M］. 北京：中国石化出版社，2007.

［4］马秀让. 石油库管理与整修手册［M］. 北京：金盾出版社，1992.

［5］马秀让. 油库设计实用手册［M］. 2 版. 北京：中国石化出版社，2014.

［6］马秀让. 油库工作数据手册［M］. 北京：中国石化出版社，2011.

编 后 记

20 年前，我和老同学范继义曾参加《油库技术与管理手册》一书的编写，2012 年我们两个老战友、老同学、老同乡、"老油料"，人老心不老，在新的挑战面前不服老，不谋而合地提出合编《油库业务工作手册》。两人随即进行资料收集，拟定编写提纲，并完成部分章节的编写，正准备交换编写情况并商量下一步工作时，范继义同志不幸于 2013 年 6 月离世。范继义的离世，我万分悲痛，也中断了此书的编写。

范继义同志是原兰州军区油料部高级工程师。他一生致力于油料事业，对油库管理，特别是油库安全管理造诣很深，参加了军队多部油库管理标准的制定，编写了《油库设备设施实用技术丛书》《油库安全工程全书》《油库技术与管理知识问答》《油库安全管理技术问答》《油库加油站安全技术与管理》《油库千例事故分析》《加油站百例事故分析》《油罐车行车及检修事故案例分析》《加油站事故案例分析》等图书。他的离世是军队油料事业的一大损失，我们将永远牢记他的卓越贡献。

范继义同志走后，我本想继续完成《油库业务工作手册》的编写，但他留下的大量编写《油库业务工作手册》素材的来源、准确性无法确定及他编写的意图很难完全准确理解，所以只好放弃继续完成这本巨著。但是其中很多素材是非常有价值的，再加上自己完成的部分书稿和积累的资料和调研成果，于是和石油工业出版社副总编辑章卫兵、首席编辑方代煊一起策划了《油库技术与管理系列丛书》。全套丛书共 13 个分册，从油库使用与管理者实际工作需要出发，收集了国内外油库管理及建设的新知识、新技术、新工艺、新标准、新设备和新材料，总结了国内油库管理的新经验和新方法，涵盖了油库技术与业务管理的方方面面。希望这套丛书能为读者提供有益的帮助。

马秀让

2016.9